设计手绘教学课堂

园林景观

设计手绘表现技法

向慧芳　编著

清华大学出版社
北 京

内容提要

本书以园林景观设计表现为核心，结合园林景观设计配景元素，景观小品与建筑，景观平面图、立面图、剖面图、鸟瞰图，园林景观综合效果图手绘步骤解析，全面地诠释了园林景观设计手绘的表现技巧。本书实例丰富全面，步骤讲解详细，并对手绘的各部分重点知识进行了细节分析，具有很强的针对性和实用性，以便读者直接了解与学习手绘的表现技巧。

本书可以作为高等院校、高职高专以及各大培训机构的环境艺术、城市规划、园林规划、室内设计与产品设计等相关专业的教材，也可以作为园林景观设计爱好者的参考用书。

图书在版编目（CIP）数据

园林景观设计手绘表现技法 / 向慧芳编著. -- 北京：清华大学出版社，2016（2024.1重印）

（设计手绘教学课堂）

ISBN 978-7-302-43828-1

Ⅰ. ①园… Ⅱ. ①向… Ⅲ. ①园林设计—景观设计—绘画技法 Ⅳ. ① TU986.2

中国版本图书馆 CIP 数据核字（2016）第 101709 号

责任编辑： 秦 甲
封面设计： 张丽莎
责任校对： 王 晖
责任印制： 宋 林

出版发行： 清华大学出版社
网　　址： https://www.tup.com.cn，https://www.wqxuetang.com
地　　址： 北京清华大学学研大厦 A 座　　**邮　　编：** 100084
社 总 机： 010-83470000　　**邮　　购：** 010-62786544
投稿与读者服务： 010-62776969，c-service@tup.tsinghua.edu.cn
质 量 反 馈： 010-62772015，zhiliang@tup.tsinghua.edu.cn
印 装 者： 河北华商印刷有限公司
经　　销： 全国新华书店
开　　本： 185mm×260mm　　**印　　张：** 20　　**字　　数：** 387 千字
版　　次： 2016 年 7 月第 1 版　　**印　　次：** 2024 年 1 月第 7 次印刷
定　　价： 75.00元

产品编号：066565-01

前言/Preface

关于园林景观设计手绘表现技法

随着时代的发展与艺术设计的进步，设计手绘效果图越来越受到广大设计人员的青睐。园林景观设计手绘表现是相关专业和相关从业者必备的基本技能之一，手绘在现代的设计中有着不可替代的作用和意义。

本书编写的目的

本书的目的是使广大读者了解园林景观设计手绘的表现技法和表现步骤，能够清楚地认识到如何把设计思维转化为表现手段，如何灵活地、系统地、形象地进行手绘表达。

读者定位

- 高校建筑设计、室内设计、园林景观、环境艺术设计等专业的在校学生马克笔手绘教材。
- 各培训机构马克笔手绘教材。
- 美术业余爱好者、马克笔手绘爱好者的自学教程。
- 装饰公司、房地产公司以及相关从业者的参考用书。

本书优势

全面的知识讲解

本书内容全面，案例丰富多彩，涉及知识涵盖面广，透视关系、画面构图、色彩知识、园林景观设计手绘配景元素等都有讲解，并且案例表现从园林景观设计配景元素、景观小品和景观建筑、景观平面图、立面图、剖面图、鸟瞰图手绘表现过渡到园林景观综合手绘表现。

丰富的案例实践教学

打破常规同类书籍的内容形式，本书更加注重实例的练习，不仅包括植物、山石、水景、交通工具、人物等配景元素的表现，而且包括景观小品与景观建筑效果图的综合表现，采用手把手教学的方式来讲解马克笔手绘技法。

多样的技法表现

本书园林景观手绘表现技法全面，既有针管笔黑白表现园林景观设计实战线稿练习，也有马克笔绘制园林景观设计手绘效果图。

直观的教学视频

本书附赠超值的学习套餐，包括电子课件、教学视频。视频可通过读者QQ群免费下载，其内容与图书相辅相成，读者可以把图书和视频结合，提高学习效率。

本书作者

本书主要由向慧芳编写，并负责全书的统稿工作。参加图书编写和资料整理的还有：李红萍、陈运炳、申玉秀、李红艺、李红术、陈云香、陈文香、陈军云、彭斌全、陈志民、林小群、刘清平、钟睦、刘里锋、朱海涛、廖博、喻文明、易盛、陈晶、张绍华、黄柯、何凯、黄华、陈文轶、杨少波、杨芳、刘有良等。

由于作者水平有限，书中难免存在疏漏之处，敬请广大读者批评、指正。

编　者

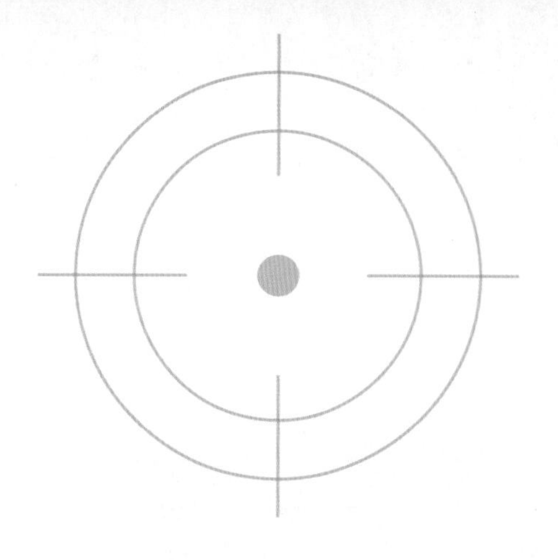

CONTENTS 目录

第1章 手绘概述与工具的选择

第2章 手绘基础线条与明暗关系的表现

手绘透视与构图原理

手绘色彩基础知识与材质表现

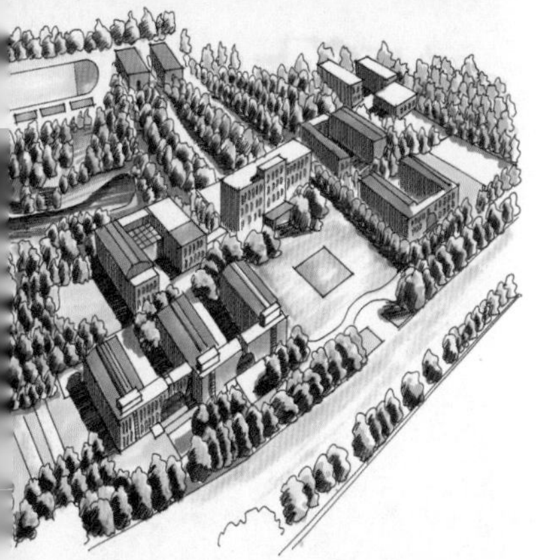

第5章

园林景观配景手绘表现

第6章

园林景观小品与建筑手绘表现

第7章

园林平面图、立面图、剖面图、鸟瞰图

第8章

园林景观综合表现

第9章

作品赏析

手绘就是用绘图工具进行绘画的一种表现形式，绘画者要有一定的美术功底。景观设计手绘选择的都是一些常用的工具，比如笔、纸和尺规等一些小用具。

第1章 手绘概述与工具的选择

1.1 景观手绘概念

手绘，是一个广义的概念，是指依赖手工完成的一切绘画作品的过程。景观设计手绘，是一种特指，是设计师用绘画手段所完成的平面、立面、剖面、大样图及其景观空间透视效果等与设计方案相关的一切图纸。

景观手绘效果图是设计师在一张空白的纸上表达自己的设计思维的一个过程，是培养设计师对形态分析理解和表现的好方法，也是培养设计师艺术修养和技巧行之有效的途径。作为一名设计师，手绘是设计方案必不可少的环节，它是让设计师把灵感迅速捕捉下来最快捷、有效的工具和手段。

在计算机绘图为主流的今天，手绘效果图表现更是设计师激烈竞争的法宝。在设计构思时手绘可快速勾勒大脑中的灵感，形象的推敲，是计算机软件无法做到的。加强手绘练习可以提高设计师的艺术修养，更是优秀设计师应具备的基本技能。

1.2 手绘效果图的表现类型

手绘效果图的表现类型有写生手绘效果图、设计方案草图、表现性手绘效果图等。下面分别进行介绍。

1.2.1 写生手绘效果图

手绘者在学习初期可以通过写生和临摹照片来练习手绘，通过写生和临摹理解景观空间形状与透视关系、明暗和光影关系之间的联系，提高处理整体画面黑白灰层次的对比、虚实对比的能力。

在写生的过程中，手绘者一定要注意把握画面空间的主次关系，去繁从简，突出画面的主体，准确地表现出物体的主要特征加以高度的线条提炼。

1.2.2 设计方案草图

草图是设计师设计方案时对设计空间的最初感知、想法与最初设计思维的概括，存在着一些不确定的因素，不是设计师最终的设计想法。设计草图可以快速地让客户了解设计师的设计思路，从而能使他们更好地进行沟通。

设计草图的特点是快而不乱，表达概括而清楚。学习设计手绘要养成勾画设计草图的习惯，这不仅能够使手绘者更好地掌握表现设计思路的手绘技巧，为设计者提供更多的创意灵感，还可以练习手绘线条，优美的线条更能体现设计师的艺术涵养。

1.2.3 表现性手绘效果图

绘制表现性手绘效果图是设计师手绘草图深化的一个过程，它能更加准确、真实、统一地表现设计师的设计方案。表现性手绘效果图确定了空间关系的形体、比例、基调、格局等，以独特的形式展示给客户看。这种手绘图形式与手绘者的绘画、设计水平有着直接的联系，这就需要初学者对手绘知识与技能进行长期学习和练习。

1.3 手绘表现的工具

手绘类的绘图工具和材料多种多样，基础工具包括笔类、纸类与其他辅助工具等。本节着重介绍几种常用的工具。

1.3.1 笔类

笔是手绘中必不可少的工具，在设计手绘的表现技法中常用的有铅笔、钢笔、针管笔和中性笔等。

1. 铅笔

铅笔是一种传统的绘画工具，在设计手绘中常用来绘制底稿，便于修改。铅笔一般分为软铅笔和硬铅笔，软铅笔的标注是B，硬铅笔的标注是H。仅用几只铅笔便能描绘出画面结构及光影变化，我们所说的素描便是利用了绘图铅笔的这种特性。

2. 钢笔

钢笔可分为普通钢笔和美工钢笔。钢笔的笔尖是钢笔最关键的部分，从粗到细有很多的变化。较细的笔尖可以用来绘制室内手绘的黑白线稿，较粗的笔尖可以用来添加线稿中简单的明暗关系。美工笔的笔尖是略微上翘的，可以用于特殊的绘画表现。钢笔需要灌注墨水，绘制的线条刚劲流畅，黑白对比强烈，画面效果细密紧凑，对所画事物既能精细入微地刻画，亦能进行高度的艺术概括。

3. 针管笔

针管笔的笔尖具有弹性，而且根据笔尖粗细的不同进行了分类。针管笔能画出很细的线条，画出来的线稿均匀细致。它在设计手绘中的运用较为广泛。一般所用的针管笔都是一次性的，不需要进行灌墨，使用方便。

4. 中性笔

中性笔的运用十分广泛，它在设计手绘中画出的线条粗细较均匀，活泼生动，是刻画物体细节的有力工具。中性笔使用方便，是初学手绘者练习的画笔之一。

铅笔

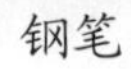

钢笔

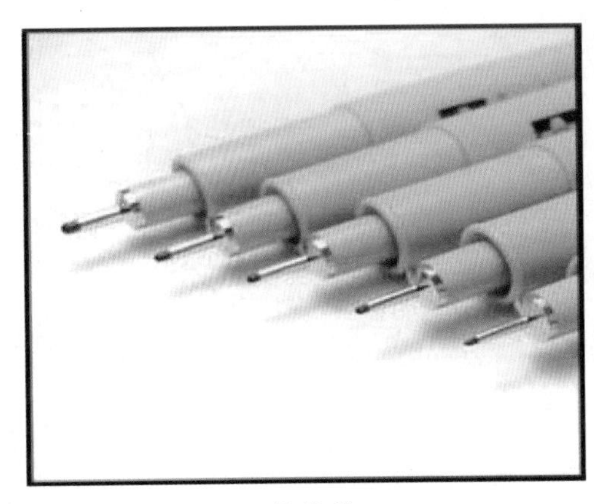

针管笔

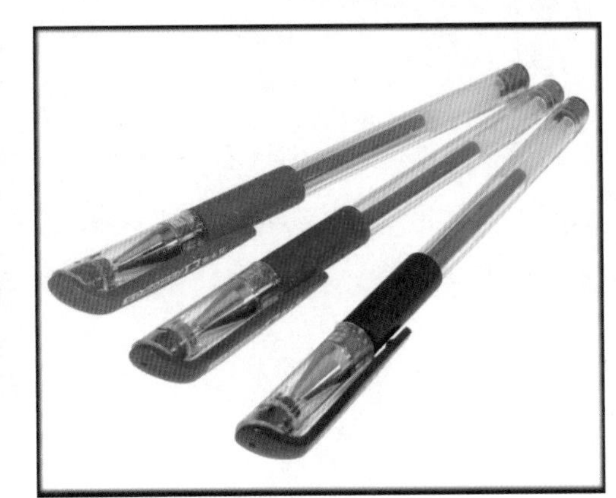

中性笔

5. **马克笔**

马克笔又称麦克笔，是各类专业手绘表现中最常用的绘画工具之一。马克笔具有色泽清新、透明，笔触极富现代感，使用、携带方便等特点，因此深受广大设计师的喜爱。

马克笔可分为油性、水性、酒精性几种类型。

1）油性马克笔

油性马克笔快干、耐水，而且耐光性相当好，颜色多次叠加不会伤纸。

2）水性马克笔

水性马克笔颜色亮丽，有透明感，但多次叠加后颜色会变灰，而且容易损伤纸面。用沾水的笔在上面涂抹的话，效果跟水彩很类似。

3）酒精性马克笔

酒精性马克笔可在任何光滑表面书写，速干、防水、环保，在设计领域得到广泛的应用。

在手绘表现中马克笔的缺点是无法限定和保持清晰的边缘，不能完美地表达所有的材质，马克笔的色彩不宜调和，冷暖色彩切勿混淆，会使画面变脏。这里选择市面上性价比较高的一款 Touch 三代马克笔制作了一张 132 色色卡，供读者了解和参考。

1	2	3	4	5	6	7	8
9	11	13	14	15	16	17	18
19	21	22	23	24	25	27	28
31	33	34	36	37	38	41	42
43	45	46	47	48	49	50	51
52	53	54	55	56	57	58	59
61	62	63	64	65	66	67	68
71	75	76	77	82	83	84	85
86	87	88	89	91	93	94	95

96	97	99	100	102	103	104	107
121	122	123	124	125	132	134	136
137	138	139	140	141	142	143	144
145	146	147	163	164	166	167	169
171	172	175	179	183	185	198	BG1
BG3	BG5	BG7	CG1	CG2	CG3	CG4	CG5
CG6	CG7	CG8	GG1	GG3	GG5	WG1	WG2
WG3	WG4	WG5	WG6				

6. **彩色铅笔**

彩色铅笔是一种非常容易掌握的涂色工具，画出来的效果类似于铅笔。彩色铅笔的颜色多种多样，画出来的颜色效果比较清新简单，也容易用橡皮擦去。彩色铅笔的种类很多，主要分为水溶性和非水溶性两种。普通的彩色铅笔不溶于水，着色力弱；水溶性彩色铅笔溶于水，着色力强，涂色后在其表面用清水轻轻涂抹会呈现出水彩画的意味。

在景观设计手绘中，我们既可以用普通的彩色铅笔绘制出铅笔的效果，也可以用水溶性彩铅画出类似于水彩效果图的感觉。常用的彩色铅笔品牌有辉柏嘉、马可、施德楼等，这里选择市面上性价比较高的一款辉柏嘉彩铅制作了一张48色色卡，供读者了解和参考。

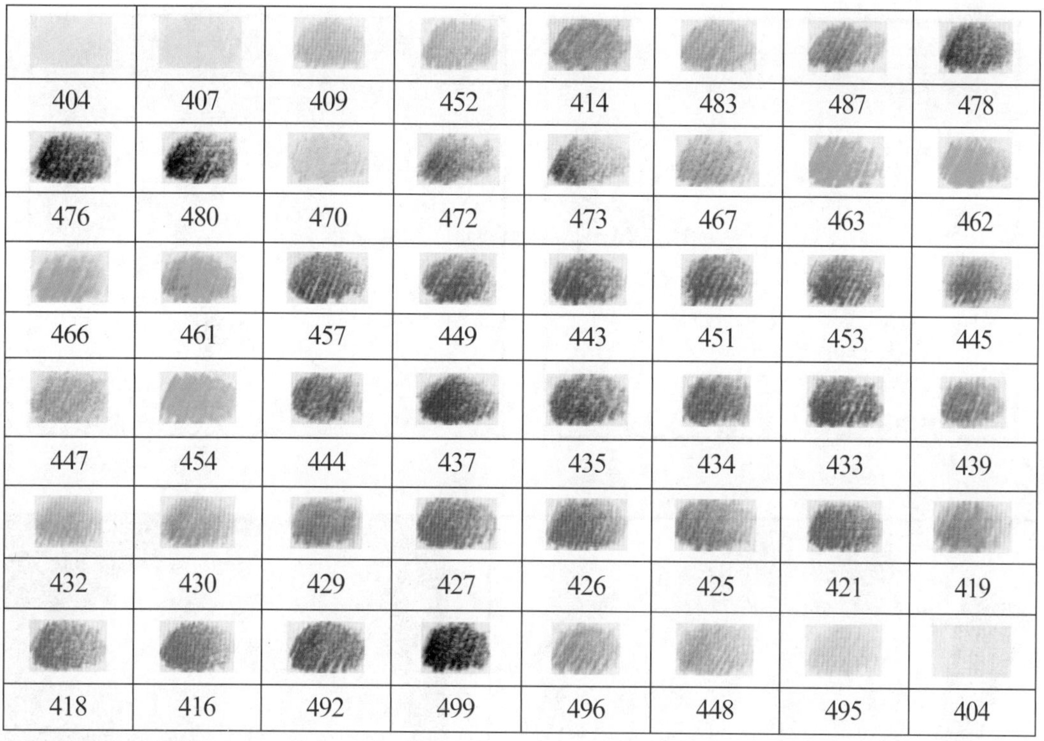

404	407	409	452	414	483	487	478
476	480	470	472	473	467	463	462
466	461	457	449	443	451	453	445
447	454	444	437	435	434	433	439
432	430	429	427	426	425	421	419
418	416	492	499	496	448	495	404

1.3.2 纸类

景观设计手绘对纸张的要求不高，复印纸、绘图纸、卡纸、硫酸纸都是常用的绘图用纸。但画纸对图画效果影响很大，画面颜色彩度及细节肌理常常取决于纸的性能。利用这种差异可使用不同的画纸表现出不同的艺术效果。

1. 复印纸

复印纸是勾画设计草图时最常用的，它表面比较光滑，价格也比较便宜。

2. 绘图纸

绘图纸也是比较常用的，它质地细密、厚实，表面光滑，吸水能力差，适宜马克笔作画，更适宜墨线设计图，着墨后线条光挺，流畅，墨色黑。

3. 卡纸

卡纸的种类比较多，它有一定的底色，作画时要选择合适的纸张。

4．**硫酸纸**

硫酸纸又叫拷贝纸，表面光滑，耐水性差。由于其透明的特性，可以方便地拷贝底图。纸张吃色少，上色会比较灰淡，渐变效果难以绘制。

复印纸

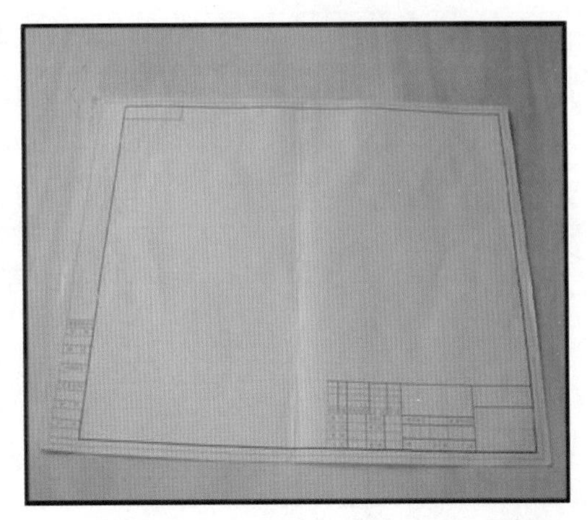

绘图纸

卡纸

硫酸纸

1.3.3 其他工具

设计手绘表现的工具除了要用到上面介绍的材料之外，还有工具箱、绘画板、尺子、橡皮、高光笔等，这里就不再做详细的介绍了。

工具箱

绘画板

尺子

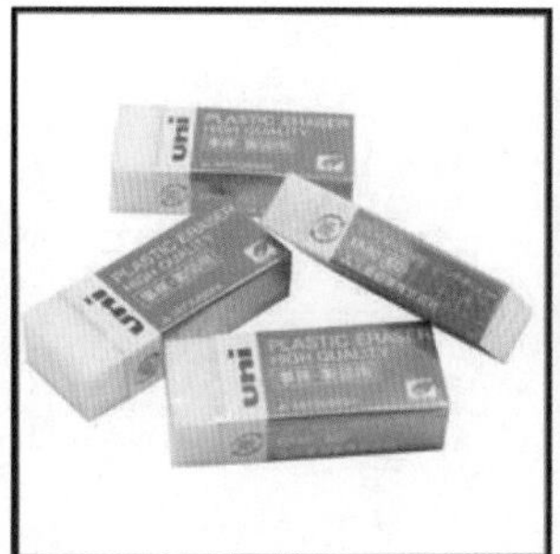

橡皮

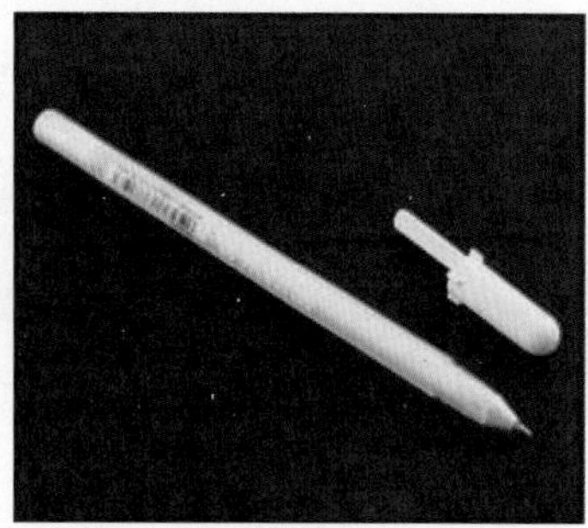

高光笔

1.4 手绘姿势

许多初学者在学习手绘的过程中不注意绘图的姿势，导致完成的图画画面脏乱等问题的出现。初学者在一开始就要养成良好的作画习惯，正确的手绘姿势有利于初学者准确把握画面关系，有效地提高手绘表现能力。

1.4.1 握笔姿势

1. 正确握笔姿势

正确的握笔姿势是学好绘画的重要前提，手绘时的握笔姿势有几种，可以按常规握笔，也可以加大手与笔尖的距离悬起手腕握笔。画线时尽量以手肘为支点，靠手臂运动来画线，手腕不要活动，这样可以控制线的稳定性。初学者可以循序渐进适应并掌握握笔姿势，不做强制训练要求。

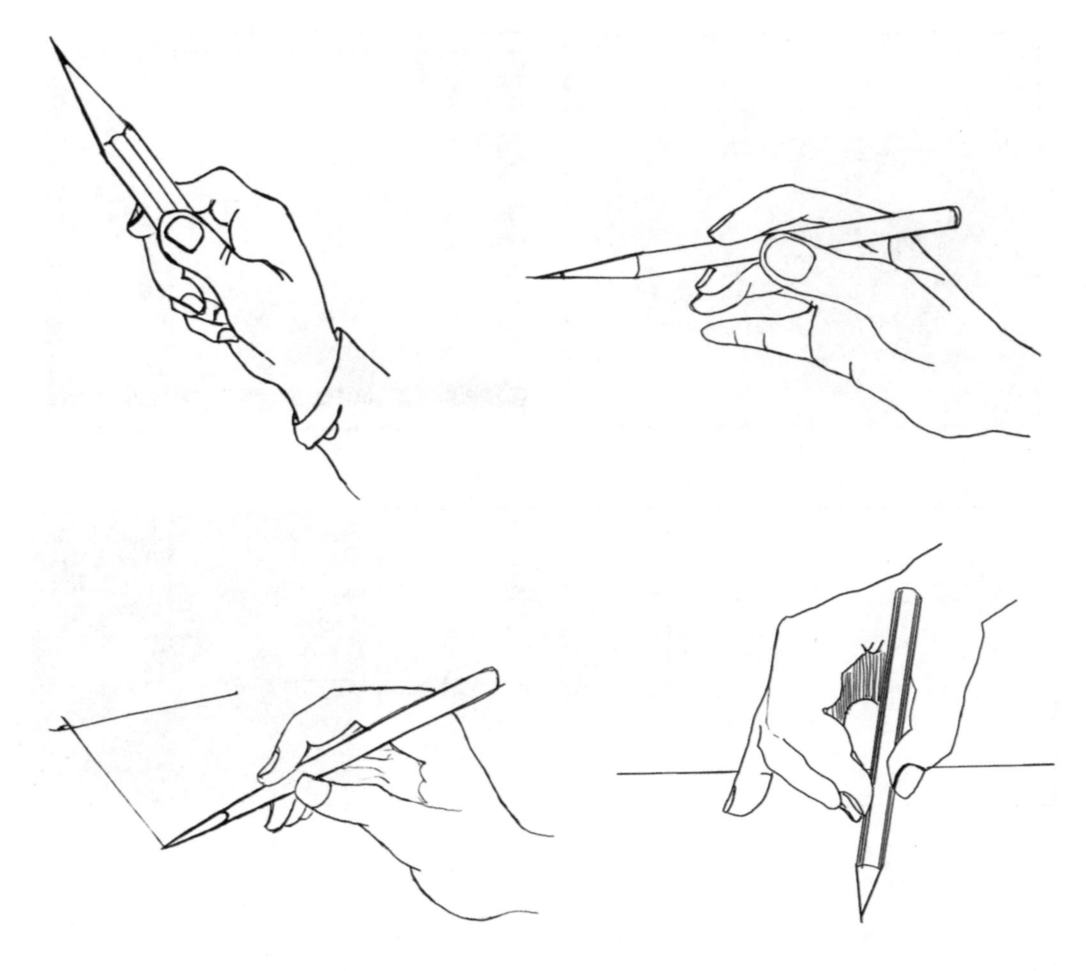

2. **错误握笔姿势**

1）手掌侧面着纸

手掌侧面着纸是一种典型的错误握笔姿势，不仅不利于运线，也不利于保持画面的整洁。

2）握笔姿势

女孩握笔也是常见的错误握笔姿势，这样的握笔方式在力度和角度上都非常不利于运线，应特别注意改正这种握笔习惯。

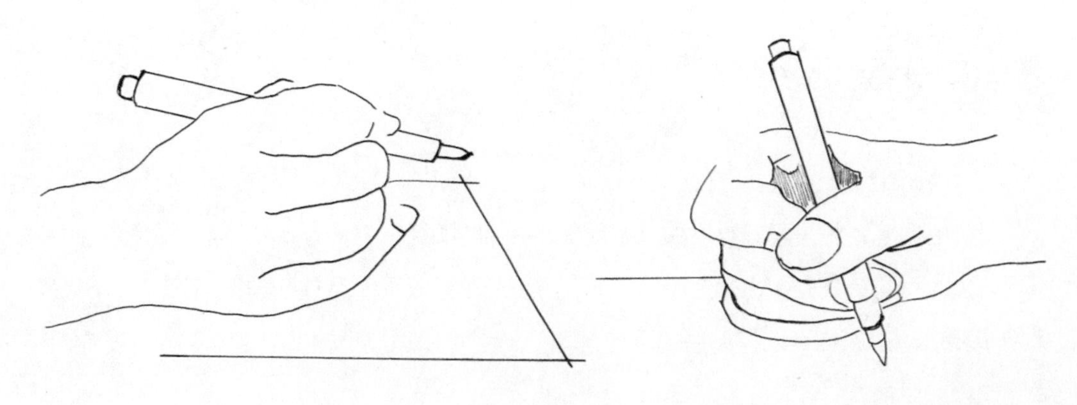

1.4.2 坐姿

坐姿也是影响画面效果的重要因素之一。绘图时如果不能保持正确的坐姿，就很难画出理想的线条，也不利于保护视力。正确的坐姿是绘制时，头部与绘图纸保持中正，眼睛和画面的距离最好保持在 30cm 以上，目光观测整个画面，保持整体画面的平衡。如果条件允许，建议大家使用设计台。

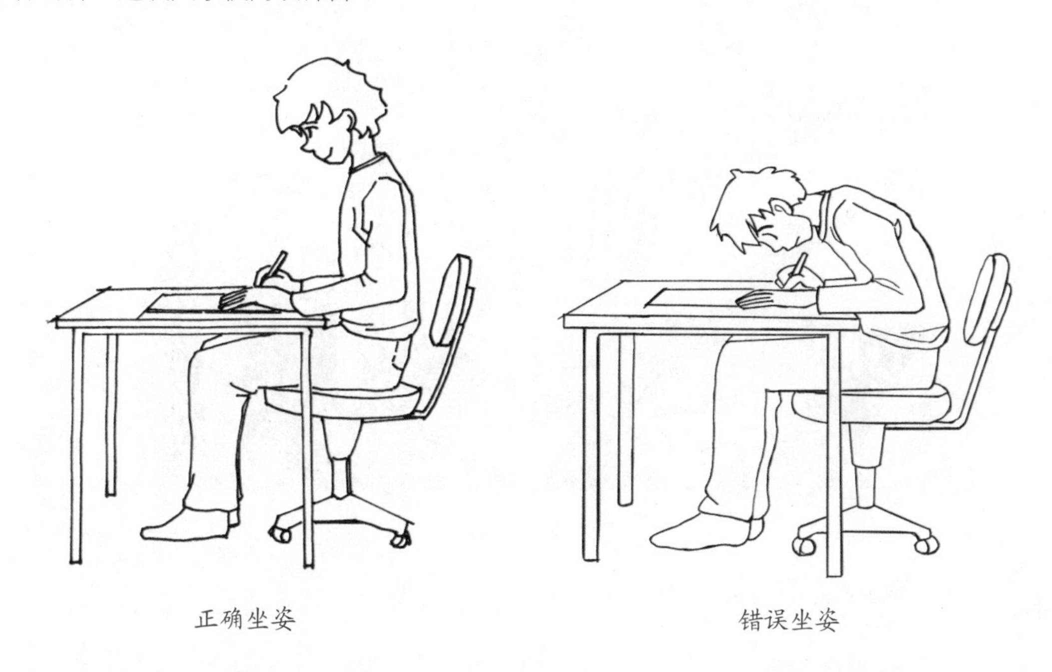

正确坐姿　　　　错误坐姿

1.5 对初学者学习手绘的一些建议

初学者在刚刚接触手绘训练的时候，由于对专业知识不了解，会出现许多问题。有的初学者往往会以图画的漂亮来衡量手绘的好坏，以自己主观的判断去进行模糊的训练，这样的结果就是学了很长一段时间都没有起到应有的作用，会导致初学者失去学习手绘的兴趣。下面简单地提出几点建议，供读者参考。

1.5.1 打好线稿基础

许多初学者急于求成，为了尽快画出成品图，在线稿还没有画好的基础上就进行上色，最后画出的图画杂乱无章，内容不充实，不能展示设计的空间效果。要知道，一幅完美的手绘设计效果图，线稿是骨架，起着十分重要的作用。如果线稿没有绘制好，颜色自然也就上不好；如果线稿绘制得好，那么上色也就容易得多。所以初学者首先要练习线稿的绘制，在掌握线稿的绘制之后再学着色，会进步得更快。

下面的图画虽然没有上色，但是通过细致的线稿，准确的明暗关系基本可以表达出设计者的意图。

1.5.2 掌握上色技巧

在掌握线稿的基础上，着色技巧的掌握也是十分重要的。上色的练习从单体到单体的组合，再到空间局部、整体，由慢到快，认真地练习。初学者在学习手绘时，应当先从细致的效果图，也就是表现性效果图练起。通过表现精细的效果图，稳步提升对上色的熟练程度。

1.5.3 掌握快速表现技法

在掌握线稿与上色技巧之后，初学者就可以过渡到快速表现这一环节了。初学者在掌握细致的效果图表现之后，就可以化难为简，用快速表现的方法表现设计的重要组成部分。快速表现的线条一般比较快，无拘无束，用概念的手法表现整体空间，线稿上色用的时间也较短，只需对空间的氛围进行点缀渲染，不用过多地刻画画面的细节。

线条是设计手绘表现的基本语言，任何的手绘设计图都是由线条和光影组成的。手绘设计图中线条具有比形体更强的抽象感，同时还具有较强的动感、质感与速度感；手绘设计图中的明暗能够更真实地表现画面场景。线条与明暗关系是手绘中最重要的一部分，是手绘练习不可缺少的步骤，而练习好线条是开始绘画的根本。

第2章 手绘基础线条与明暗关系的表现

2.1 线条的内涵与重要性

线条是手绘中最基础、最重要的部分，无论是东方的白描，还是西方的壁画，都是线条的完美组合。它不仅仅是一种绘画技巧，也是一种绘画语言和表现形式，所以练习好线条是开始绘画的根本，是手绘中不可缺少的步骤。

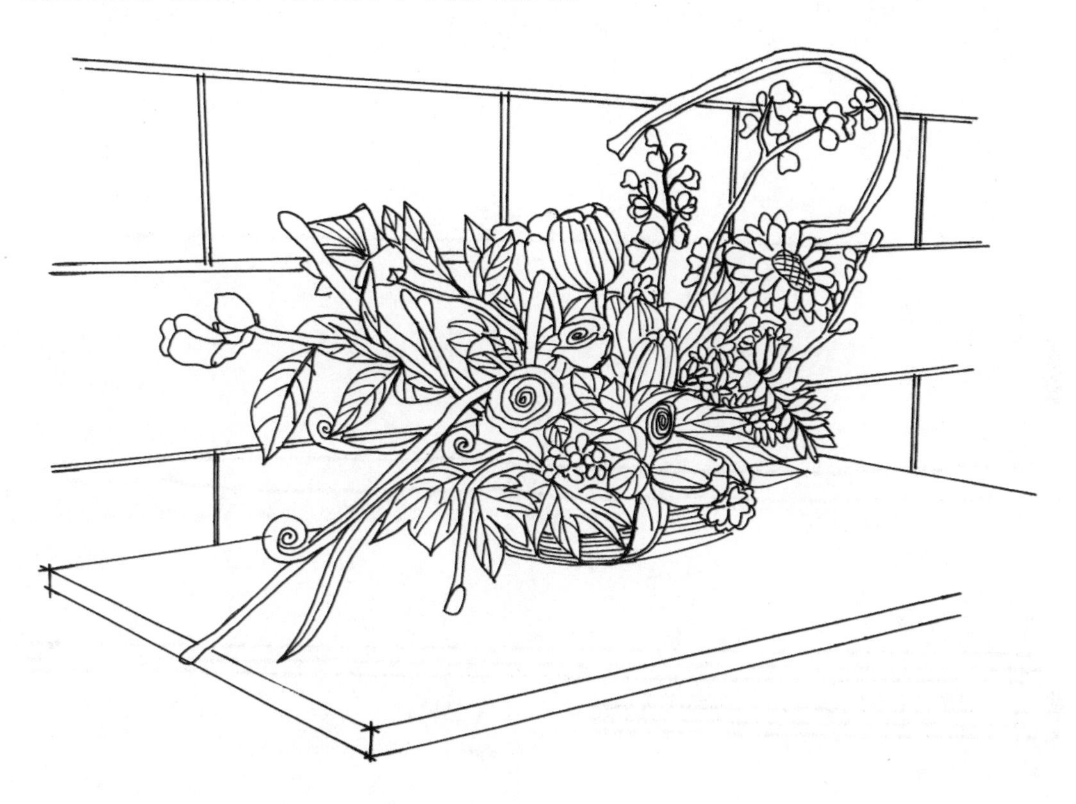

2.2 线条的类型

在设计手绘表现中，线条的表现形式有很多种，常见的几种形式有直线、曲线、弧线、抖线等，下面对这几种线条进行简单的介绍。

2.2.1 直线

直线是点在同一空间内沿相同或相反方向运动的轨迹，其两端都没有端点，可以向两端无限延伸。在手绘中我们画的直线有端点雷同于线段，这样画是为了线条的美观和体现虚实变化。直线的特点是笔直、刚硬，不容易打断。手绘表现中直线的“直”并不是说像尺子画出来的线条那样直，只要视觉上感觉相对的直就可以了。

1. 手绘直线的特点

（1）整个线条两头重中间轻。

（2）可局部弯曲，整体方向较直。

（3）短线快速画，长线可分段画。

（4）线条相接，一定要出头，但不可太过。

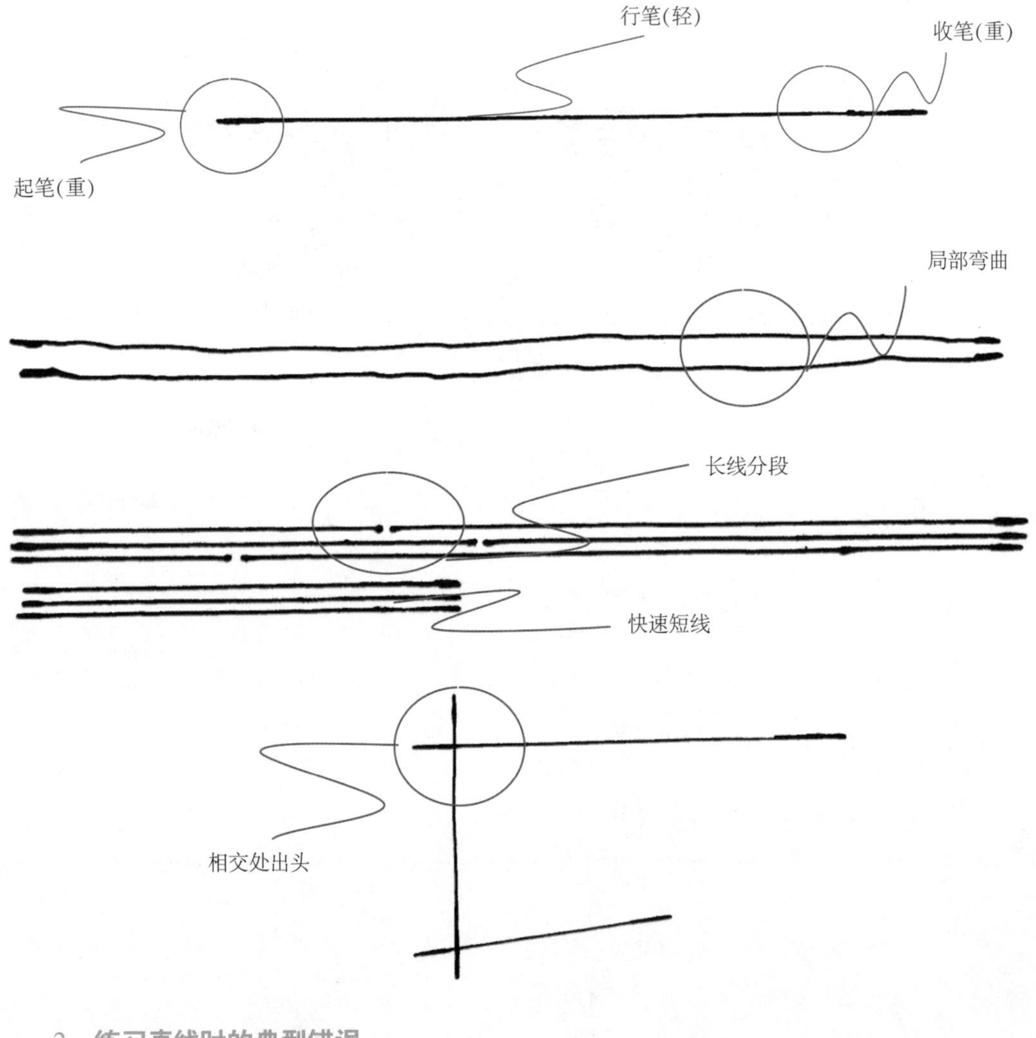

2. 练习直线时的典型错误

（1）线条毛糙，反复描绘。

（2）过于急躁，线条收笔带勾。

（3）长线分段过多，线条很碎。

（4）线条交叉处，不出头。

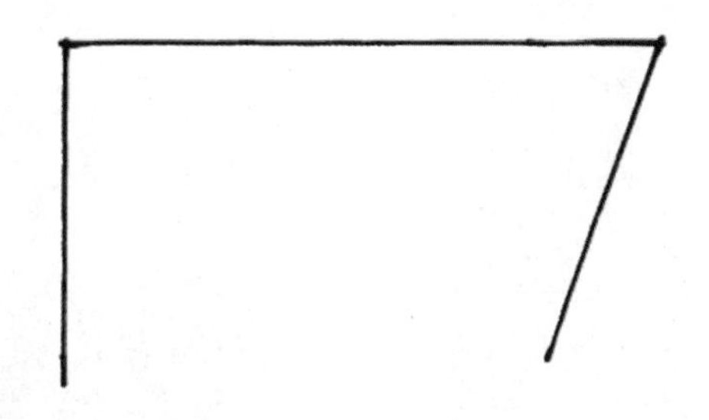

3．练习直线的方法

直线的绘制是手绘最基本的技能，直线的练习对提高线条的平衡感有很大的帮助，应反复练习竖线、横线和不同方向的直线，速度要快，忌断线。方法要正确，作业量要多。直线的表现有两种可能，一种是徒手绘制，另一种是尺规绘制。这两种表现形式可根据不同情况进行选择。

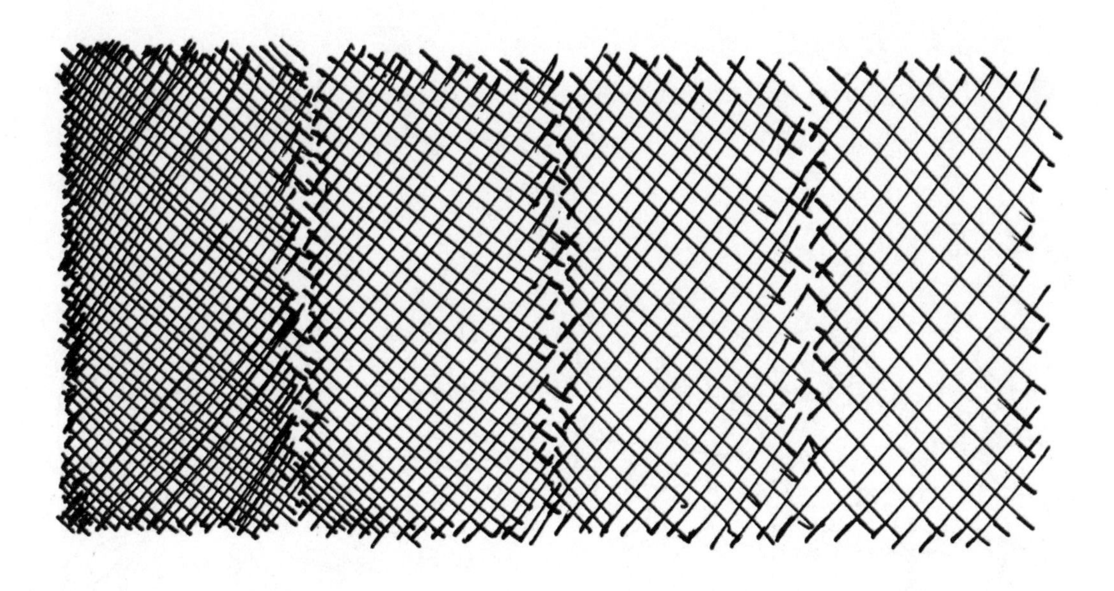

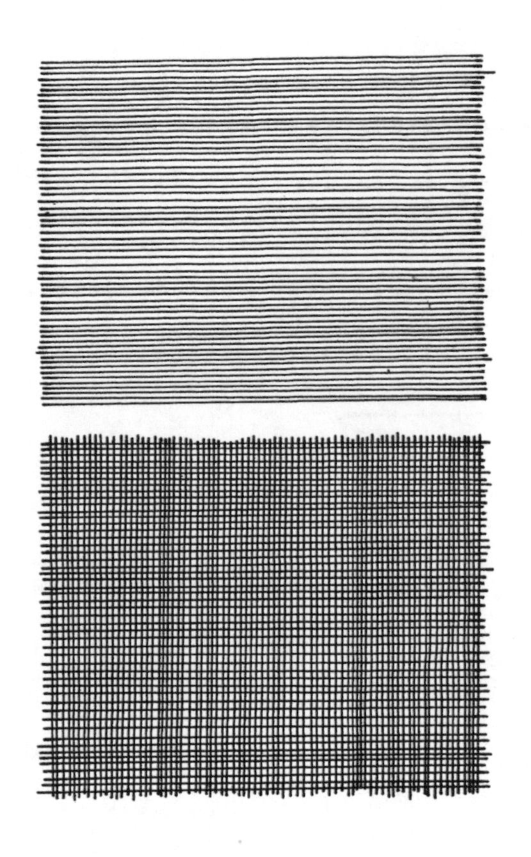

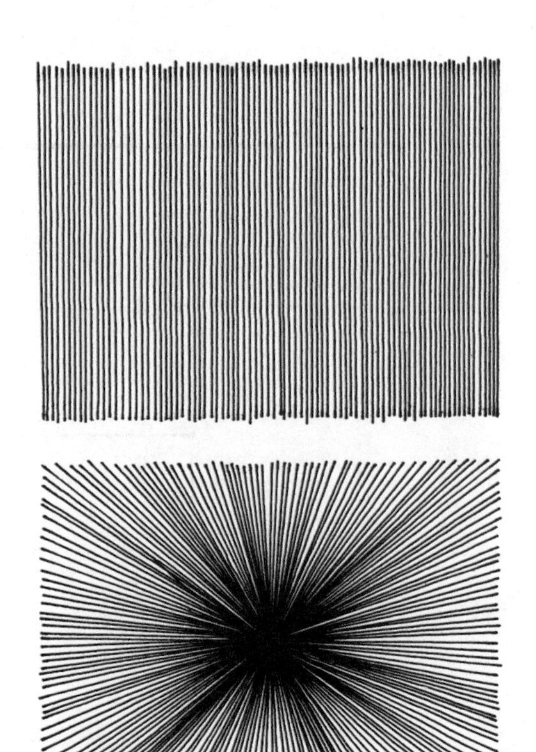

2.2.2 曲线

曲线是非常灵活且富有动感的一种线条，画曲线一定要灵活自如。曲线在手绘中也是很常用的线型，它体现了整个表现过程中活跃的因素。在运用曲线时一定要强调曲线的弹性、张力。在练习曲线的过程中，应注意运笔的笔法，多练习中锋运笔、侧锋运笔、逆锋运笔，从中体会不同运笔带来的笔法。练习曲线、折线时应把心情放松，才能达到行云流水的效果，赋予线条生动的灵活性。

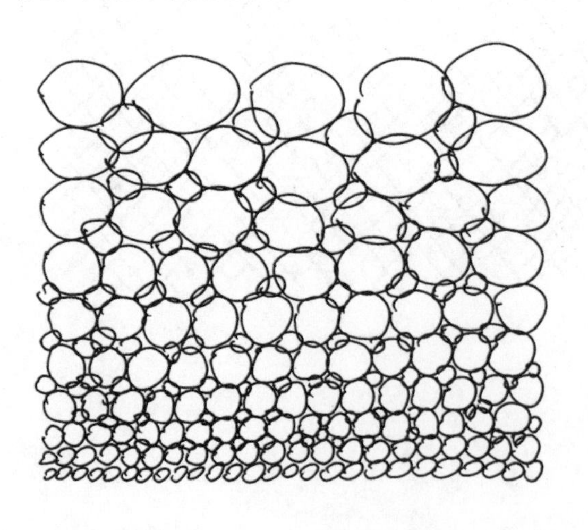

2.2.3 抖线

抖线是笔随着手的抖动而绘制的一种线条，其特点是变化丰富，机动灵活，生动活泼。抖线讲究的是自然流畅，即使断开也要从视觉上给人连续的感觉。

抖线可以排列得较为工整，通过有序抖线的排列可以形成各种不同疏密的面，并组成画面中的光影关系。抖线可以穿插于各种线条之中，与其他线型组织在一起构成空间的效果。

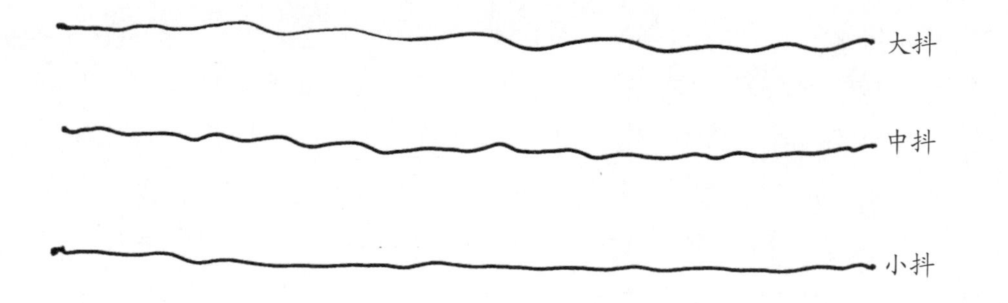

2.2.4 乱线

乱线也叫植物线，画线的时候尽量采取手指与手腕结合摆动的方式。植物线的表现方式有很多种，常见的有以下几种。

（1）“几”字形的线条用笔相对硬朗，常用于绘制前景树木的收边树。

（2）“U”字形的线条用笔比较随意，常用于绘制远景植物。

（3）“m”字形的线条用笔比较常见，常用于平面树群的表现。

（4）针叶形的线条用笔要按树叶的肌理进行绘制，注意其连贯性与疏密性，常用于绘制前景收边树。

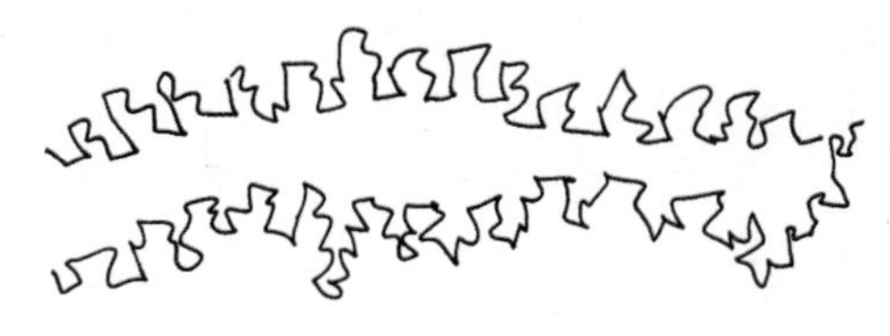

“几”字形线条

“U”字形线条

“m”字形线条

针叶形线条

2.3 线条练习与运用

掌握线条的运用对于初学者来说非常重要。这就要求初学者利用休闲的时间进行大量的练习，只有通过不断地反复练习，熟练掌握手中的绘图工具，做到运用自如，才能画好手绘图。简单来说，手绘效果图就是不同线条的组合，表现出不同的图案、纹理。景观设计手绘中掌握线条的综合运用，不仅能使画面更加美观，也能更好地表现绘画者的设计思路。

手绘中线条的练习方式有很多种，一般包括：写生、默写、临摹。线稿手绘线的练习不同于铅笔素描，对于初学者来说，在线的掌控上很难把握。初学者可以根据自己的习惯与爱好有选择性地练习，也可以结合三种方式练习。

1. 写生

手绘写生不仅可以练习线条，还可以练习物体的抓形。运用流畅的线条把物体的形抓准了，就为手绘打好了基础，也为后面画好景观手绘效果图做了充分的准备。

2. **默写**

手绘写生练习的是手眼的协调能力，手绘默写锻炼的是绘画者对图画和景象的记忆能力和主动造型能力。超长的记忆能力是绘画者必备的素养之一，通过默写可以记住线条不同的画法与运用，对画好手绘效果图是有很大的帮助。

3. **临摹**

临摹分为两种，即被动临摹和主动临摹，被动临摹是把原稿丝毫不差地复制下来，却没有收获；主动临摹是从原稿中吸取精华，获取许多灵感和技法，达到学习的目的。在学习手绘的初级阶段，初学者可以主动临摹原稿，掌握线条的画法与运用技巧。

2.4 线条练习时常见问题

线条的练习对于初学者来说非常重要，它决定了效果图的美观性。在大量练习手绘线条的过程中，要找到适合自己的方法和途径。在练习的过程中也要注意常见的一些问题，只有正确的练习方式才能提高初学者的手绘能力。

练习线条时常出现的问题如下所述。

1. **线条不整齐，草草了之**

最开始的练习中，许多初学者因为急于求成、心境不稳，从而不能脚踏实地的一笔一笔去画，画面的线条不整齐，使画面显得凌乱潦草。建议在一张废纸上先试着画一些自己喜欢的东西，慢慢地调整心情，情绪稳定下来之后再开始作图。另外，有些初学者虽然经过反复练习但是仍迟迟达不到效果或者练习了很多没有提高而心情烦躁，这种时候也不能急躁，因为手绘是一个需要大量练习的技能，只要坚持就可以成功。

2. **线条断断续续，不流畅**

手绘过程中用线要自然流畅，用笔的速度不需要刻意地去调整。通过大量的练习自然而然就会明白，哪里需要快速的线条哪里需要缓慢的线条。

3. **线条反复描绘**

手绘表现和素描不同，素描可以通过反复的描线来确定形体，而手绘则需要一次成型，特别忌讳反复描绘，这样会显得画面不肯定而且很脏。

4. **画面脏乱**

由于有的针管笔墨水干得比较慢，或者纸张受潮，不经意间可能就会使墨水沾得到处都是，造成画面的脏乱。保持画面的整洁和完整性是一个手绘初学者的基本素质，同时画面不整洁也会影响到自己的心情。

2.5 光影与明暗

有光线的地方就有阴影出现，两者是相互依存的。反之，我们可以根据阴影寻找光源和光线的方向，从而表现一个物体的明暗调子。

首先要对对象的形体结构有正确的认识和理解。因为光线可以改变影子的方向和大小，但是不能改变物体的形态、结构，物体并不是规则的几何体，所以各个面的各个朝向不同，色调、色差、明暗都会有变化。有了光影变化，手绘表现才有了多样性和偶然性。因此我们必须抓住形成物体结构的基本形状，即物体受光后出现受光部分和背光部分以及中间层次的灰色，也就是我们经常所说的三大面。亮面、暗面、灰面就是光影与明暗造型中的三大面。它是三维物体造型的基础。尽管如此，三大面在黑、白、灰关系上也不是一成不变的。亮面中也有最亮部和次亮部的区别，暗面中也有最亮暗部和次暗部的区别，而灰面中也有浅灰部和深灰部的区别。

光影、明暗的对比是形象构成的重要手段。光影、明暗关系是因光线的作用而形成的，光影效果可以帮助人们感受对象的体积、质感和形状。在手绘效果图中，利用光影现象可以更真实地表现场景效果。

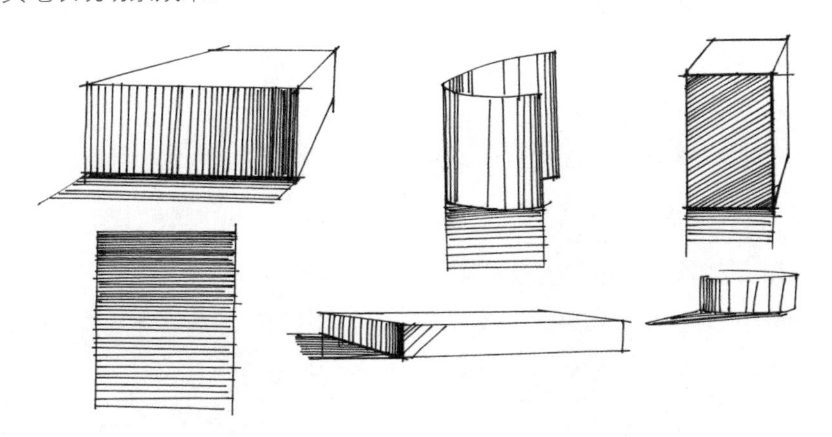

2.6 光影与明暗的表现形式

手绘图中光影与明暗的表现形式有线条表现、点与线条结合表现，画面光影与明暗的刻画可以让画面中的物体更具厚重感。

2.6.1 线条的表现

手绘画面的色调可以用粗细、浓淡、疏密不同的线条来表现，绘画时应注意颜色的过渡。

不同线条、不同方向的排列组合，会给人不同的视觉感受。画面中的黑白是指画面颜色明度所构成的明度等级，并不是单指画面中的纯黑、纯白，而是比较而言的。所以，在绘画作品中的黑白是相对而言的。

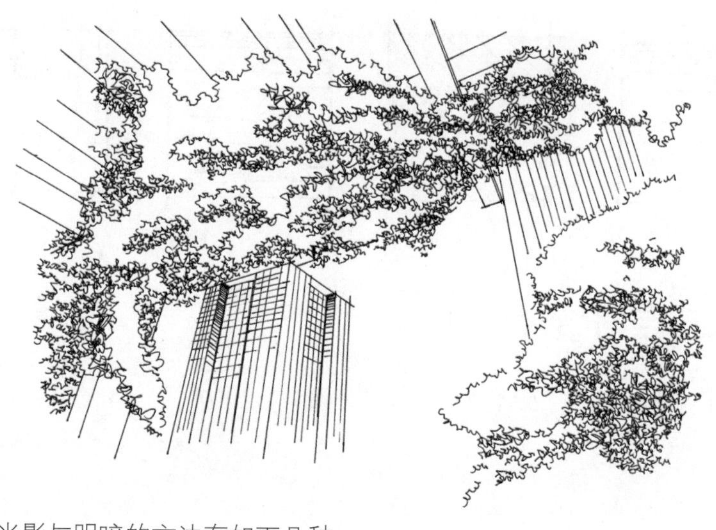

线条表现光影与明暗的方法有如下几种。

1. 单线排列

单线排列是画阴影最常用的处理方法，从技法上来讲把线条排列整齐就可以了。注意线条的首尾咬合，物体的边缘线相交，线条之间的间距尽量均衡。

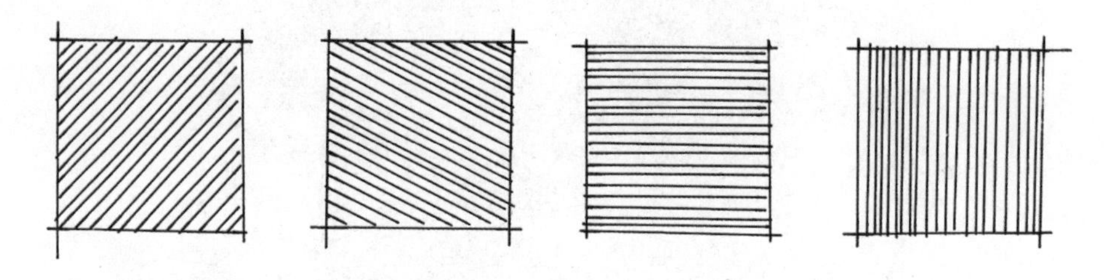

2. 线条组合排列

组合排列是在单线排列的基础上叠加另一层线条排列的结果，这种方法一般会在区分块面关系的时候用到。叠加的那层线条不要和第一层单线方向一致，而且线条的形式也要有变化。

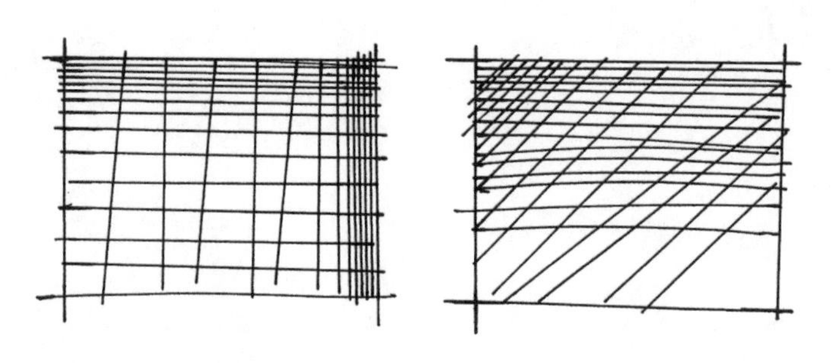

3. **线条随意排列**

这里所说的随意，并不代表放纵的意思，而是线条在追求整体效果的同时变得更加灵活些。

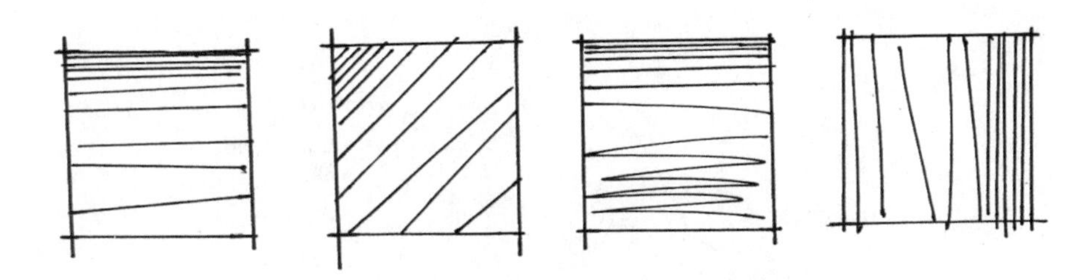

2.6.2 线与点的结合表现

在手绘表现中，点与线相结合的表现也是一种常用的方式。手绘图中用点来表现光影很有效果，但是耗时会比较长，用的频率也较少。用点画法配合线画法来表现画面的光影与明暗，通常可以达到事半功倍的效果。

2.7 课后练习

1. 绘制几何图形，练习线条的运用。
2. 绘制简单的单体（如桌、椅、石块），练习明暗关系的表现。

手绘效果图是最终呈现在客户面前的一幅图画，如何突出主体，把握画面的协调性十分重要。要达到这一目的，正确地选择画面的透视与构图就至关重要。透视与构图是表现技法的基础，也是准确表达设计手绘效果图的规律法则，它直接影响到整个表现空间的真实性、科学性及美观性。

第3章 手绘透视与构图原理

3.1 透视的基本概念

透视是通过一层透明的平面去研究后面物体的视觉科学。“透视”一词来源于拉丁文“Perspclre”（看透），故而有人解释为“透而视之”。最初研究透视是采取通过一块透明的平面去看静物的方法，将所见景物准确描画在这块平面上，即成景物的透视图。后遂将在平面画幅上根据一定原理，用线来表示物体的空间位置、轮廓和投影的科学称为透视学。

人的双眼是以不同的角度去看物体的，所以我们看物体时就会有近大远小、近明远暗、近实远虚，所有物体都会有往后紧缩的感觉，在无限的远处物体交汇于一点，就是透视的消失点。透视对于建筑手绘也是非常重要的，一幅手绘透视不准确，图画就是失败的。

透视中常用的术语如下所述。

（1）视点（S）：人眼睛所在的地方。

（2）站点（s）：人站立的位置，即视点在基面上的正投影。

（3）视平线（HL）：与人眼等高的一条水平线。

（4）主点（CV）：中视线与画面垂直相交的点。

（5）视距：视点到心点的垂直距离（注：心点是视线中线与画面的垂直焦点）

（6）视高（h）：视点到基面的距离。

（7）灭点（VP）：透视点的消失点。

（8）地平线：平地向前看，远方的天地交界线。

（9）基面（GP）：景物的放置平面，一般指地面。

（10）视高（H）：视平线到基面的垂直距离。

（11）画面（PP）：用来表现物体的媒介面，垂直于地面，平行于观者。

（12）基线（GL）：基面与画面的交线。

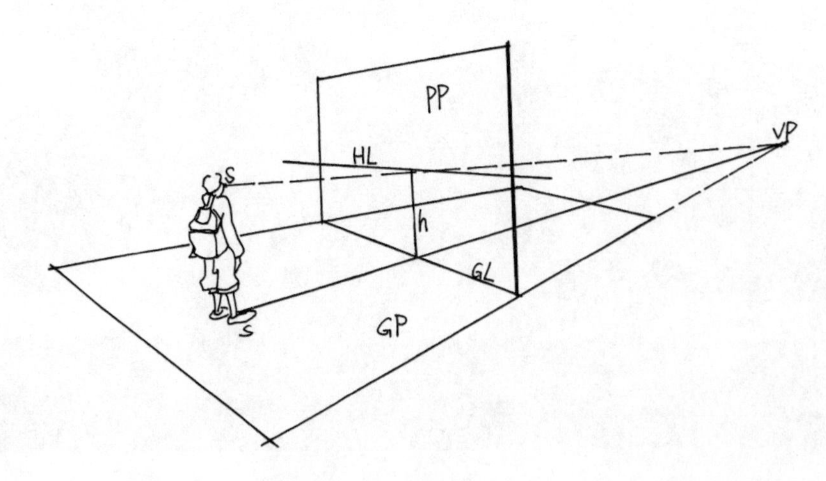

3.2 透视的类型

透视是客观物象在空间中的一种视觉现象，包括平行透视（一点透视）、成角透视（两点透视）和倾斜透视（三点透视）。

3.2.1 一点透视

定义：平行透视即一点透视。假如把任何复杂的物体都归纳为一个立方体，一点透视就是说立方体在一个水平面上，画面与立方体的一个面平行，只有一个灭点（消失点），简单的理解就是物体有一面正对着我们的眼睛。

特点：只有一个消失点，一点透视具有很强的纵深感，表现的画面看起来比较稳重、严肃、庄重。

提 示

平行透视要注意心点的选择，稍稍偏移画面中心点1/3～1/4左右为宜。否则画面容易呆板，形成对称构图。

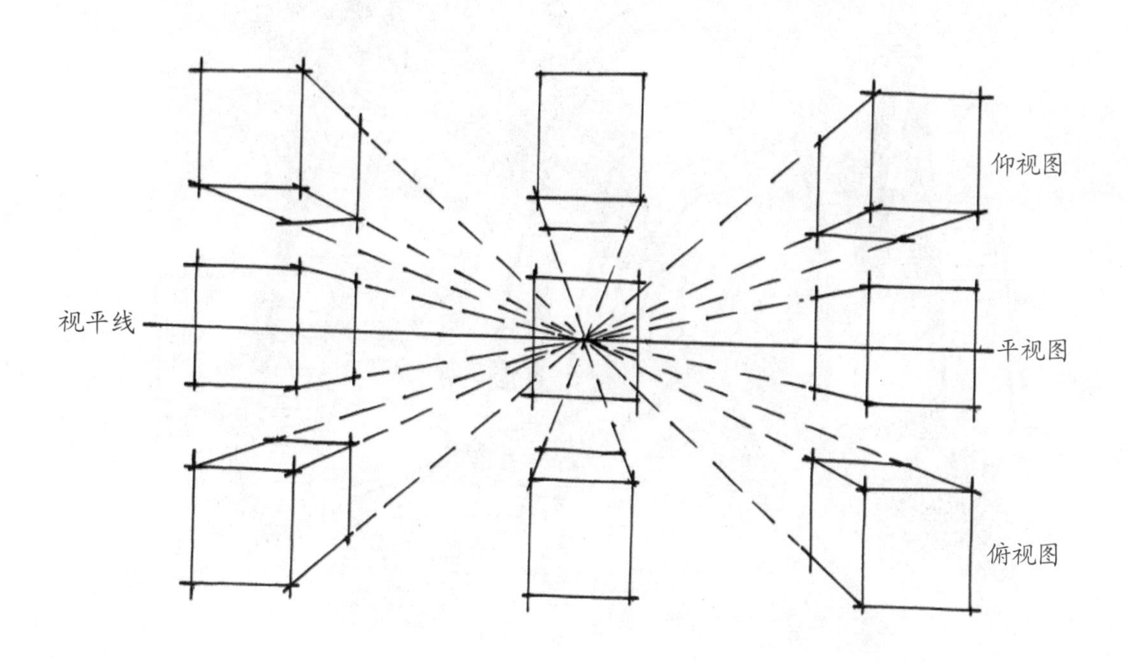

第3章 手绘透视与构图原理

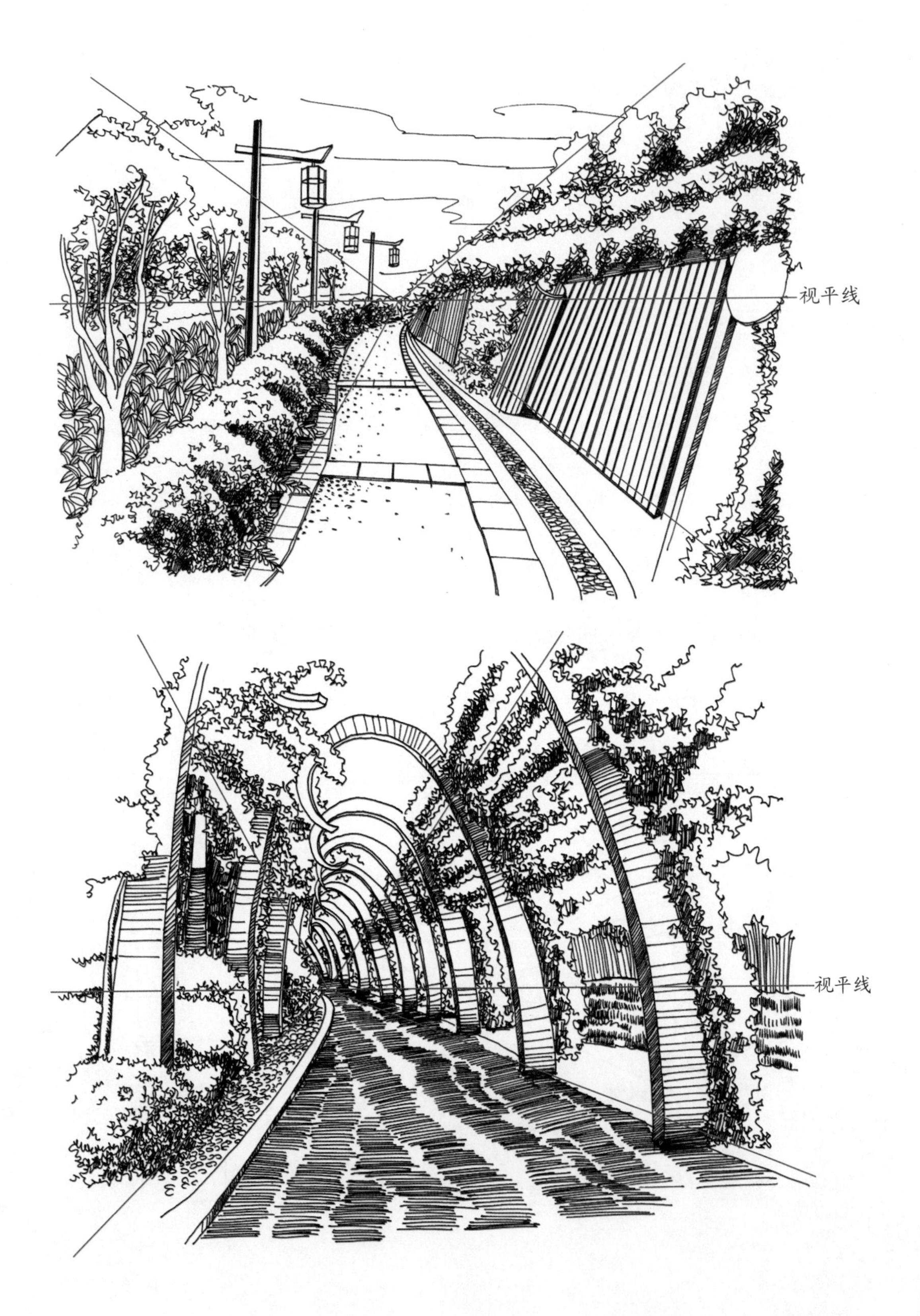
视平线
视平线

3.2.2 两点透视

定义：成角透视即两点透视。两点透视就是把立方体画到画面上，当立方体的四个面相对于画面倾斜成一定的角度时，往纵深平行的直线产生了两个灭点（消失点），简单的理解就是物体两面成角正对着我们的眼睛。

特点：有两个消失点，两点透视的运用范围较为普遍，表现的画面效果自由活泼，适合表现丰富和复杂的场景。

提示

两点透视要注意立点的选择，如果站点选择不适合，就会造成空间物体的透视变形。

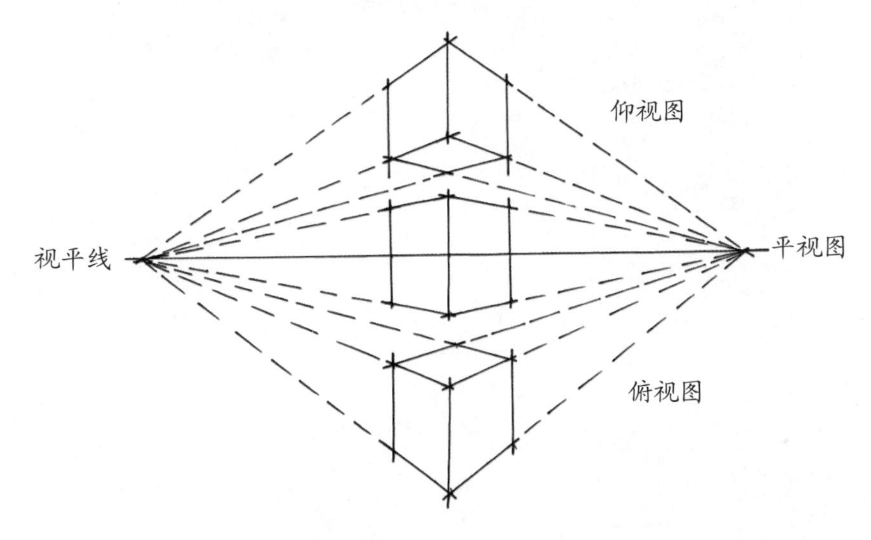

3.2.3 三点透视

定义：倾斜透视即三点透视，有三个灭点（消失点）；可以理解为立方体相对于画面，它的面和棱线都是不平行时，面的边线可延伸为三个消失点，就是物体三面的顶点正对着我们的眼睛。

特点：有三个消失点，三点透视多用于鸟瞰图，用来表示宽广的景物，可以将画面表现得更富有冲击力。

提 示

三点透视要注意画面角度的把握，因为展现的角度比较广，如果把握不好，容易使画面不协调。

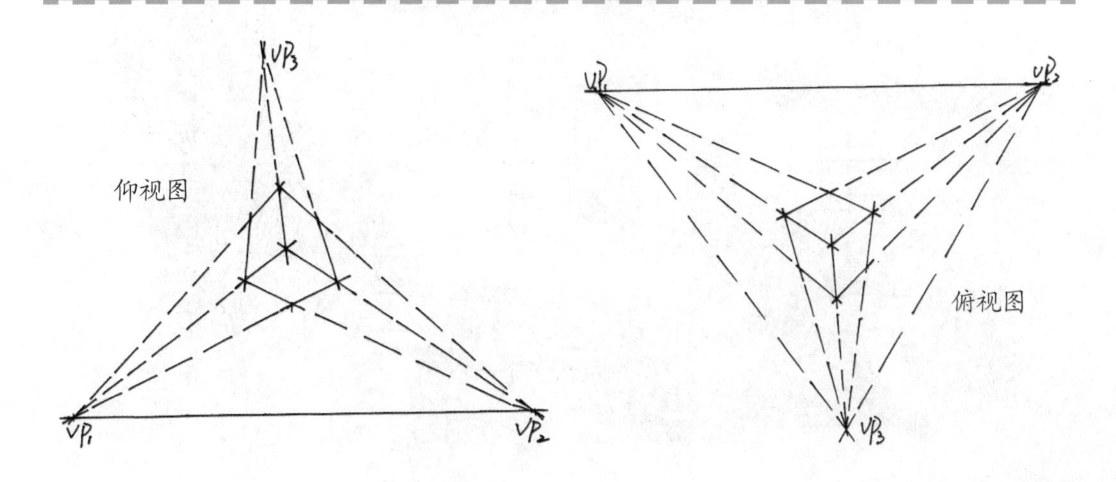

3.2.4 散点透视

定义：散点透视也叫多点透视。散点透视就是有多个消失点，这种方式在传统的中国画中比较常见。它是一点透视、两点透视、三点透视的综合运用，比较充分地表现空间跨度比较大的景物的方方面面。

特点：多个消失点，绘画者的视点是可以移动的。散点透视适合画大的场景，比如整个城市、村庄、小区的场景。

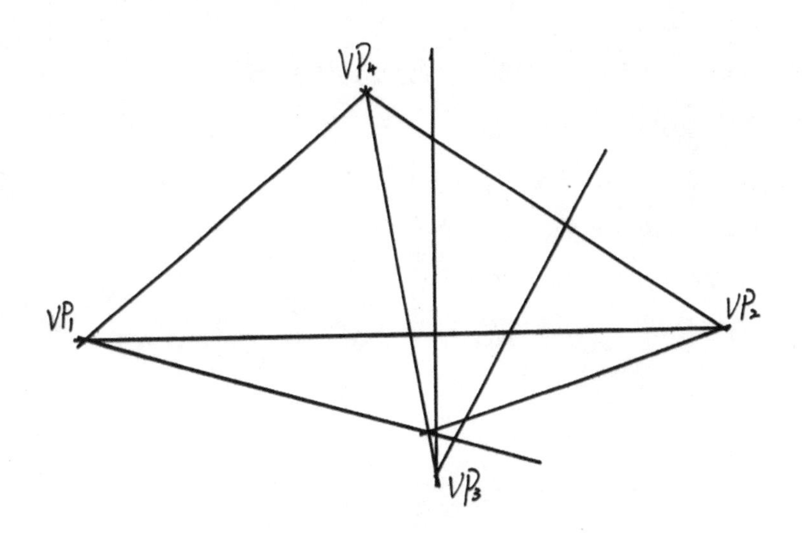

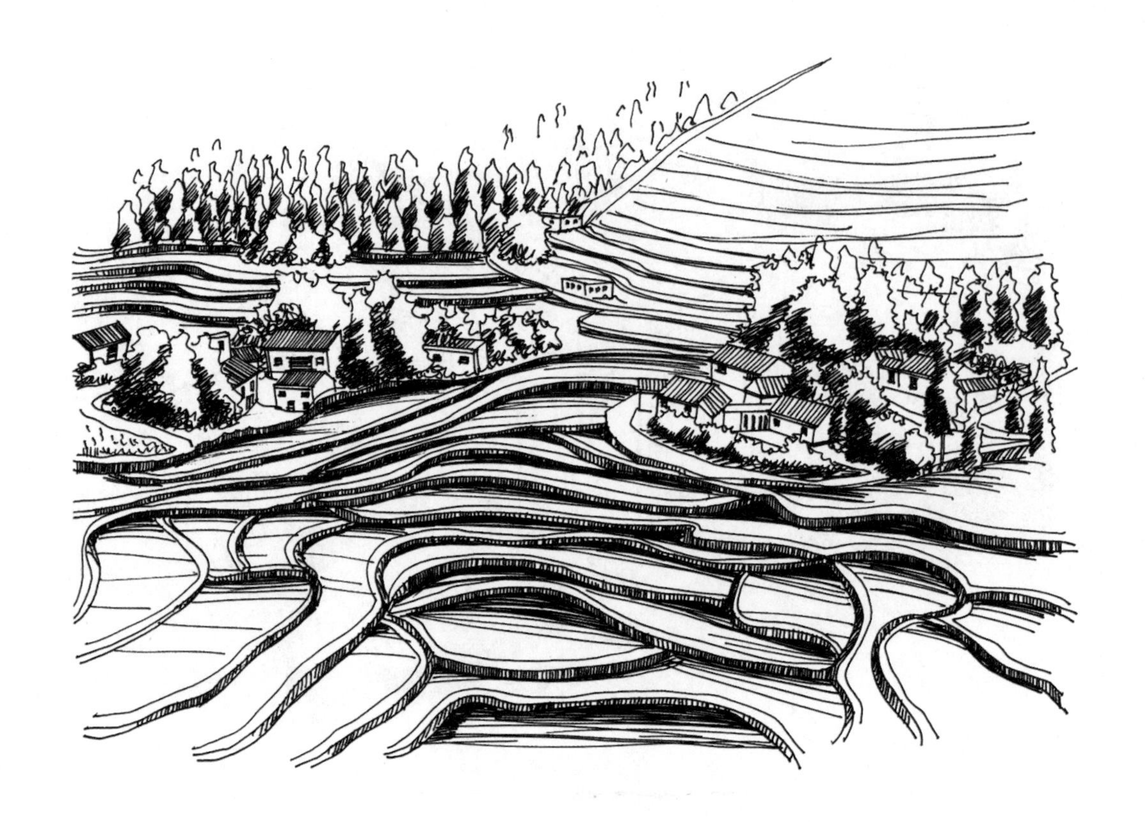

3.3 构图的定义与重要性

构图是手绘表现技巧的一个组成部分，是把各部分组成、结合、配置并加以整理，成为一个艺术性较高的画面。设计师利用视觉要素在画面上按空间把物体、景物组织成一幅完整的画面。

一幅图画的构图，显示作品内部结构和外部结构的一致性，手绘过程中构图是很重要的一步。建筑手绘构图要掌握其基本规律，如统一、均衡、稳定、对比、韵律、尺度等。

在建筑构图中强调主体，舍弃次要的东西。构图和设计是一样的，通过构图，设计师可以把自己的构思传递给大众。

3.4 构图的类型

设计手绘表现中的构图方式有很多种，常见的构图方式包括三角形构图、九宫格构图、A 字形构图、S 形构图等。

1. 三角形构图

这是绘画中常见的一种构图形式，给人集中、沉稳，且突出主体的感觉，在作图的过程中要注意等腰三角形的构图形式。

2. 九宫格构图

九宫格构图也称井字构图，实际是一种黄金分割式的形式。也就是把画面平分成九块，在中心块上的四个点，这几个点都符合“黄金分割定律”，可以用其中任意一个点的位置来安排主体的位置。这种构图呈现出变化与快感，使画面更具有活力。

3. A 字形构图

A 字形构图具有极强的稳定感，具有向上的冲击力和强劲的视觉引导力。这种构图形式可以使画面产生不同的动感效果，而且形式新颖，主题思想鲜明。

4. S 形构图

S 形构图动感效果强，既动又稳，使画面中的优美感得到了充分的发挥，曲线的美感也在画面中得到充分的体现。S 形构图可用于各种幅面的图画，在园林风景景观中常用于表现远山、河流湖泊等自然景观的起伏变化。

3.5 构图的要点

在景观设计手绘效果图中，学习构图是十分重要的。掌握构图的要点主要包括取景的选择和构图的规律。

3.5.1 取景的选择

在绘制景观手绘效果图之前，需要把握好取景的范围，这是风景景观手绘中常遇见的问题。对此首先要掌握取景的核心要求，要有主次，要懂得取舍。在取景表现对象的时候，要尽量选择能够表现出对象特征的角度，不同的角度表现出来的景象是不同的，表现出来的效果能够直接影响画面的结构。绘画中常见的取景即框景的方法有：手框框景、自制纸板框框景。

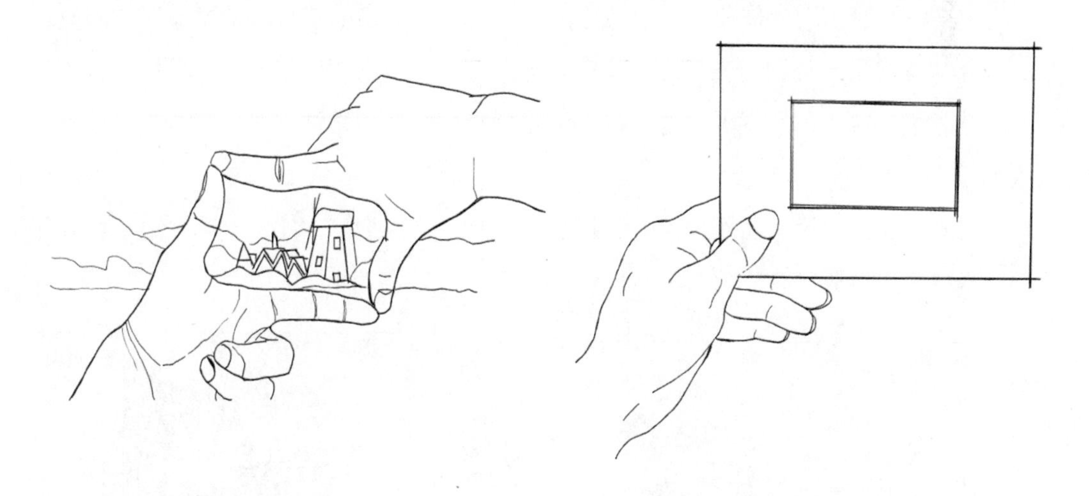

3.5.2 构图的规律

建筑手绘构图要掌握其基本规律，如统一、均衡、稳定、对比、韵律、尺度等。

1. 均衡与稳定

均衡与稳定是构图中最基本的规律，建筑设计构图中的均衡表现稳定和静止，给人视觉上的平衡。其中对称的均衡表现较为严谨、完整和庄严；不对称的均衡表现较为轻巧活泼。

2. 统一与变化

构图时在变化中求统一，在统一中求变化。序中有乱，乱中有序。主次分明，画面和谐。

3. 韵律

图中的要素有规律的重复出现或有秩序的变化，具有条理性、重复性、连续性，形成韵律节奏感，给人深刻的印象。

4. **对比**

建筑构图中两个要素相互衬托而形成差异，差异越大越能突出重点的作用。构图时在虚实、数量、线条疏密、色彩与光线明暗形成对比。

5. **比例与尺度**

构图设计中要注意建筑物本身和配景的大小、高低、长短、宽窄是否合适，整个画面的要素之间在度量上要有一定的制约关系。良好的比例构图能给人和谐、完美的感受。

3.6 常见构图问题解析

构图是作画时第一步需要考虑的问题，画面中主体位置的安排要根据题材等内容而定。研究构图就是研究如何在室内空间中处理好各个实体之间的关系，以突出主题，增强画面艺术的感染力。构图处理是否得当，是否新颖，是否简洁，对设计作品的成败关系很大。

构图时常见的问题：画面过大，即构图太饱满，给人拥挤的感觉；画面过小，即构图小，会使画面空旷而不紧凑；画面过偏，即构图太偏，会使画面失衡。

构图偏小

图偏大

构图失衡

构图适当

3.7 课后练习

1. 用两点透视绘制下图。

2. 用三点透视绘制下图。

一幅设计手绘效果表现图，要体现画面的真实性就离不开色彩的运用，所以对于色彩的掌握是至关重要的。下面就介绍手绘色彩知识以及图画中的上色技巧。现今的生活中，人们越来越多地受到色彩的影响，景观设计非常讲究色彩与色调的搭配。色彩的运用一方面能满足生活功能的需要，另一方面又能满足人的视觉和情感的需要。

本章主要讲解色彩的形成、属性、对比以及不同材质的表现。

第4章 手绘色彩基础知识与材质表现

4.1 色彩的形成与重要性

色彩是通过眼、脑和我们的生活经验所产生的一种对光的感知，是一种视觉效应。人对颜色的感觉不仅仅由光的物理性质所决定，比如人类对颜色的感觉往往受到周围颜色的影响。有时人们也将物质产生不同颜色的物理特性直接称为颜色。

经过大量的科学实验得知色彩是以色光为主体的客观存在，对于人则是一种视像感觉，产生这种感觉基于三种因素：一是光；二是物体对光的反射；三是人的视觉器官——眼睛。即不同波长的可见光投射到物体上，有一部分波长的光被吸收，一部分波长的光被反射出来刺激人的眼睛，经过视神经传递到大脑，形成对物体的色彩信息，即人的色彩感觉。光、眼、物三者之间的关系，构成了色彩研究和色彩学的基本内容，同时亦是色彩实践的理论基础与依据。

在现实生活中，色彩对于人的意义不亚于空气和水。人们的切身体验表明，色彩对人们的心理活动有着重要影响，特别是和人的情绪有非常密切的关系。比如，红色通常给人带来这些感觉：刺激、热情、积极、奔放和力量，还有庄严、肃穆、喜气和幸福等；而绿色是自然界中草原和森林的颜色，有生命永久、理想、年轻、安全、新鲜、和平之意，给人以清凉之感；蓝色则让人感到悠远、宁静、空虚等。

4.2 色彩的类型

设计中的颜色有很多种，在一幅设计手绘效果图的表现中，一般颜色基本上可以分为固有色、光源色与环境色。

4.2.1 固有色

固有色，就是物体本身所呈现的固有的色彩。对固有色的把握，主要是准确地把握物体的色相。固有色在一个物体中占有的比例最大，物体固有色最明显的地方就是受光面与背光面的中间部分，也就是绘画中的灰部。在这个范围内，物体受外部条件色彩的影响较少，它的变化主要是明度变化和色相本身的变化，它的饱和度也往往最高。

4.2.2 光源色

光源色是由各种光源（太阳、月亮、灯具等）发出的光，光波的长短、强弱、比例性质不同，形成不同的色光，叫作光源色。光源色是光源照到白色光滑不透明物体上所呈现出来的颜色，不同的光源会导致物体产生不同的色彩。

光源的颜色是纯色，只与光源本身有关。比如红色的光源，它的颜色就是红色，不管放到什么环境下，都改变不了它的颜色。光源的颜色叠加，会越来越亮。

自然界的白光（如阳光）是由红、蓝、绿三种波长不同的颜色组成的。人们看到的红花，是因为蓝色和绿色波长的光线被物体吸收，而红色的光线反射到人们的眼睛里的结果。同样的道理，绿光和红光波长的光线被物体吸收而反射为蓝色，蓝色和红色波长的光线被物体吸收而反射为绿色。

月光

太阳光

灯光

4.2.3 环境色

环境色是指在各类光源的照射下，环境所呈现的颜色。物体表面受到光照后，除吸收一定的光外，也能反射到周围的物体上，即环境色是受光物体周围环境的颜色，是反射光的颜色。环境色的存在和变化，加强了画面之间的色彩呼应和联系，能够微妙地表现出物体的质感。

环境色是最复杂的，和环境中各种物体的位置、固有色、反光能力都有关。因此环境色的运用和掌控在绘画中显得十分重要。

4.3 色彩的属性

色彩的属性包括三种要素，即纯度、明度和色相。

4.3.1 明度

明度是指色彩的明亮程度，如白色明度强，黄色次之，蓝色更次之，黑色最弱。

明度不仅取决于物体照明程度，而且取决于物体表面的反射系数。如果我们看到的光线来源于光源，那么明度取决于光源的强度；如果我们看到的是来源于物体表面反射的光线，那么明度决定于照明的光源的强度和物体表面的反射系数。

简单地说，明度可以简单地理解为颜色的亮度，不同的颜色具有不同的明度。应用于绘画当中，我们可以通过改变颜色的明度来体现画面所要表达的内容。

4.3.2 纯度

纯度通常是指色彩的鲜艳度，也称饱和度。从科学的角度看，一种颜色的鲜艳度取决于这一色相发射光的单一程度。人眼能辨别的有单色光特征的颜色，都具有一定的鲜艳度。不同的色相不仅明度不同，纯度也不相同。

4.3.3 色相

色相是色彩的首要特征，是区别各种不同色彩的最准确的标准。事实上任何黑白灰以外的颜色都有色相的属性，而色相也就是由原色、间色和复色来构成的。色相是色彩可呈现出来的质的面貌。

光谱中有红、黄、蓝、绿、紫、橙 6 种根本色光，人的眼睛可以分辨出约 180 种不同色相的色彩。

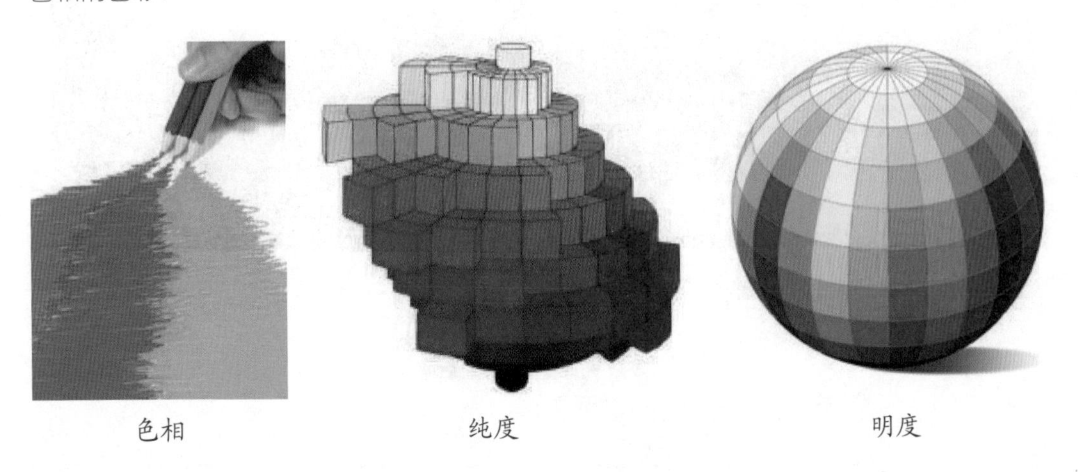

色相　　纯度　　明度

4.4 色彩的特性

色彩本身没有冷暖之分，色彩的冷暖是建立在人的生理、心理、生活经验等方面之上的，是对色彩一种感性的认识。一般而言，光源直接照射到物体的主要受光面相对较明亮，使得物体这部分变为暖色，而没有受光的暗面则变为冷色。

4.4.1 冷色

冷色系来自于蓝色调，比如蓝色、青色和绿色。冷色给人距离、冷静、凉爽的感觉。

4.4.2 暖色

暖色系是由太阳颜色衍生出来的颜色，比如红色、橙色、黄色。暖色系给人温暖、亲近、舒适的感觉。

4.5 马克笔的上色技巧

马克笔是当今很多朋友喜欢使用的工具，它的最大好处是能快速表现你的设计意图，马克笔的效果图表现可以洒脱，可以秀丽，也可以稳重。

4.5.1 马克笔的笔触与应用

笔触是最能体现马克笔表现效果的，马克笔笔触的排列要均匀、快速。最常见的笔触类型有“单行摆笔”“叠加摆笔”“扫笔”“揉笔带点”等。

1. **单行摆笔**

摆笔的时候，纸张与笔头保持45°斜角，用力均匀，两笔之间重叠部分尽量保持一致。这种形式就是线条简单的平行或垂直排列，最终强调面的效果，为画面建立持续感。

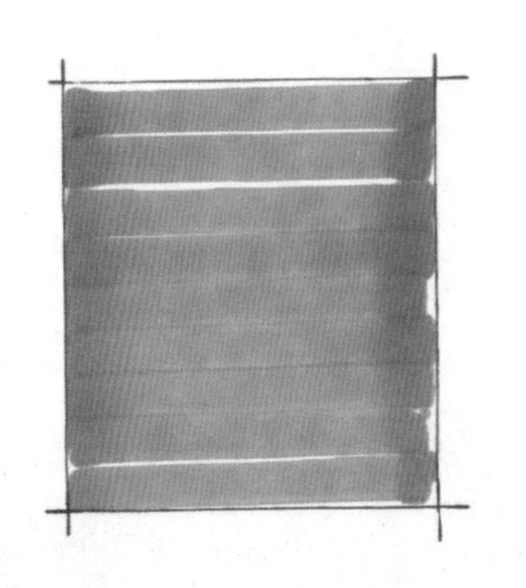

2. **叠加摆笔**

笔触的叠加能使画面色彩丰富，过渡清晰。注意：同类色能叠加，对比色不能叠加；叠加颜色时，不要完全覆盖上一层颜色，要做笔触渐变，保持“透气性”。

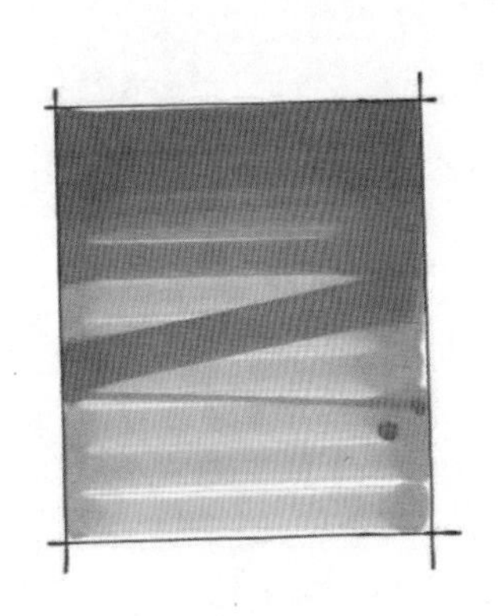

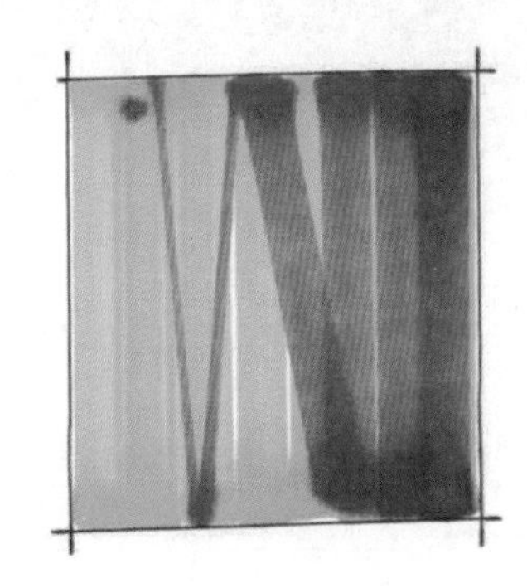

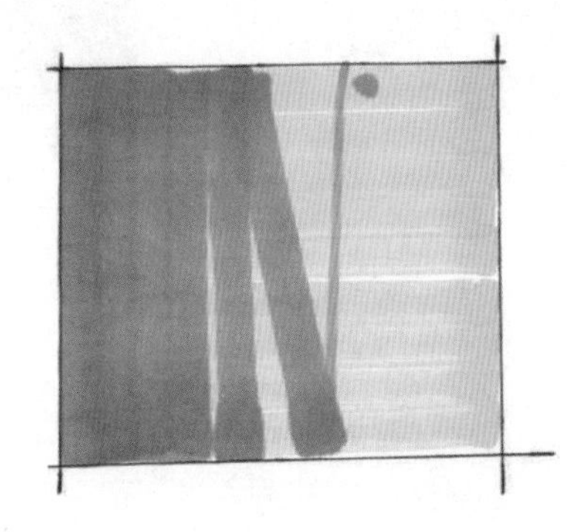

3. **扫笔**

扫笔是指起笔重，然后迅速运笔提笔，无明显的收笔，它有一定的方向控制和长短要求，是为了强调明显的衰减变化，一般用在亮面快速扫过。

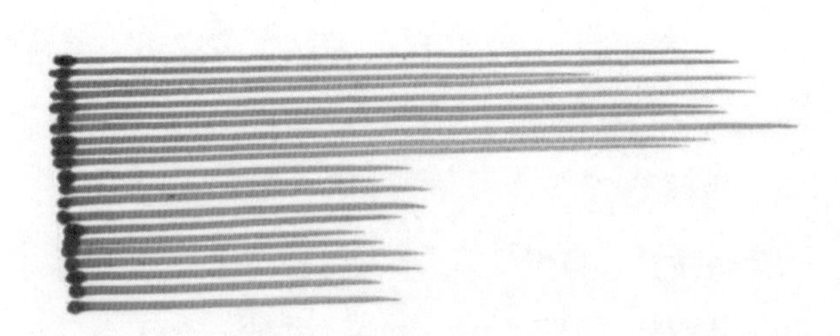

4. **揉笔带点**

揉笔带点常常用到树冠、草地和云彩的绘制中，特点是笔触不以线条为主，而是以笔块为主。它在笔法上是最灵活随意的，但要有方向性和整体性，不能随处用点笔，导致画面凌乱。

4.5.2 马克笔的上色规律

（1）不要反复地涂抹，否则色彩会变得乌钝，失去马克笔应有的神采。马克笔上色以爽快干净为好，一般上色不可超过四层色彩。

（2）马克笔绘画步骤与水彩相似，上色由浅入深，先刻画物体的亮部，然后逐步调整暗、亮两面的色彩。

（3）注意马克笔几种错误的笔触运笔。

4.5.3 马克笔的渐变与过渡练习

马克笔在上色时，先铺浅色，后上深色，由浅入深，整个过程中应注意颜色的渐变与过渡。

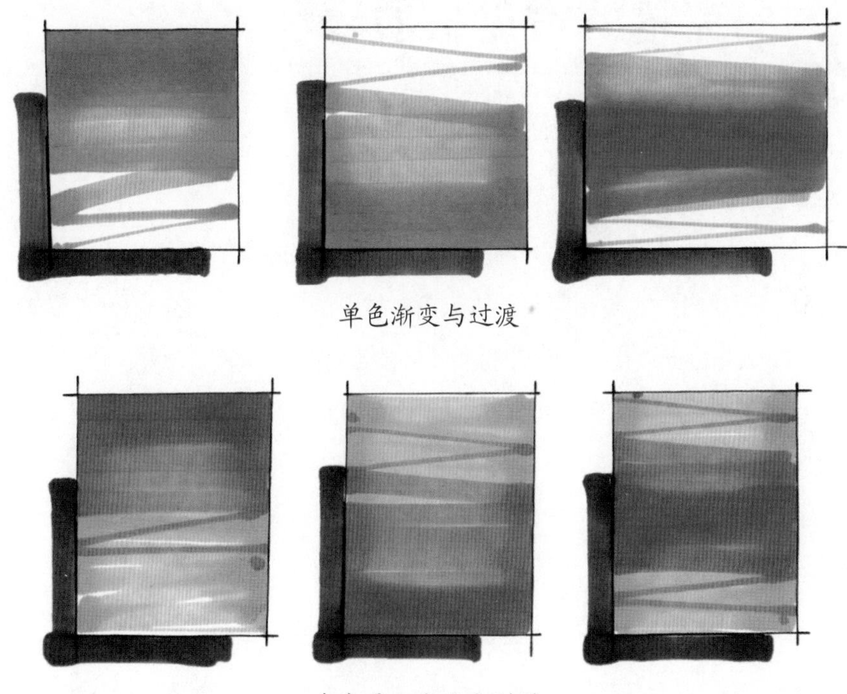

单色渐变与过渡

多色叠加渐变与过渡

4.5.4 运用马克笔时常出现的问题

初学者刚开始学习马克笔的运用时常会出现以下几种错误。

（1）力度太大，失去了马克笔“透”的特点。

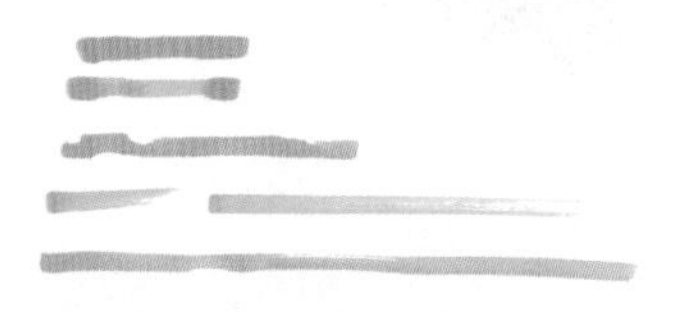

（2）运笔过程中，手抖造成线条不均匀。

（3）力度不均匀，出现缺口。

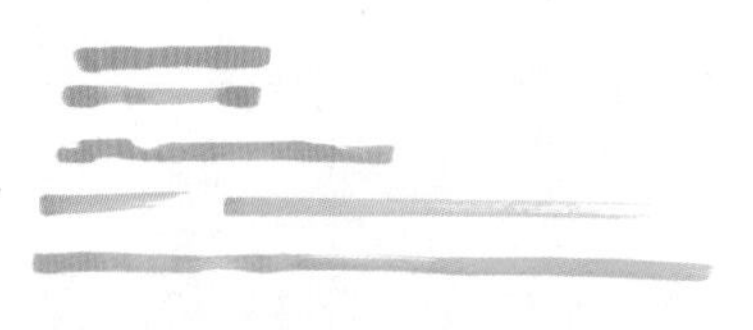

（4）有头无尾，下笔过于草率。

（5）运笔时手不稳，力度不均匀。

4.6 马克笔的常见材质表现

材质分别从三个方面体现出来，即色彩、纹理、质感。色彩是景观设计的灵魂和气质，任何一种材料都会呈现出反映自身特质的色彩面貌。材料的色彩变化会构成典型环境中的主要色彩基调，并以其最强烈的视觉传播作用刺激观者的视觉，乃至导引人们的行为。纹理就是指材料上呈现出的线条和花纹。质感指对材料的色泽、纹理、软硬、轻重、温润等特性把握的感觉，并由此产生的一种对材质特征的真实把握和审美感受。

在表现时，除了注意马克笔用笔的方向还需要注意材质的纹理，绘画时以马克笔为主，加以彩铅过渡会取得较好的效果。

4.6.1 木材

木材是一种传统的室内、建筑、景观等设计材料，在景观设计中得到了广泛的应用。大量木材的应用给人一种自然美的享受，在景观设计中，木材有着不可替代的地位。

1. **人造木材**

人造板是以木材或其他非木材植物为原料，加工成单板、刨花或纤维等形状各异的组元材料，经施加（或不加）胶黏剂和其他添加剂，重新组合制成的板材。

2. **自然原木**

原木是指树干按尺寸、形状、质量的标准规定或特殊规定截成一定长度的木段，这个木段称为原木。

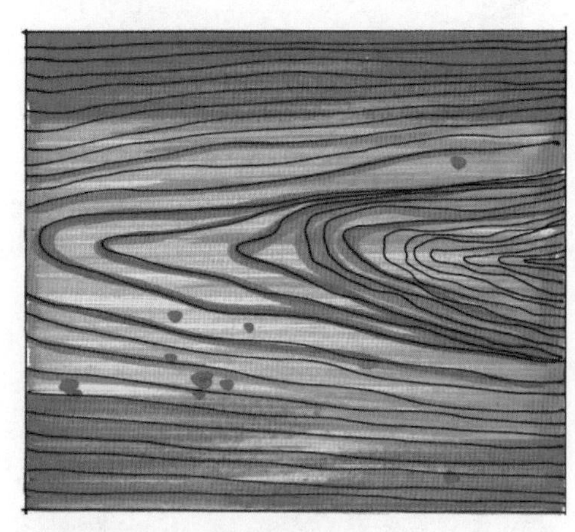

人造木材

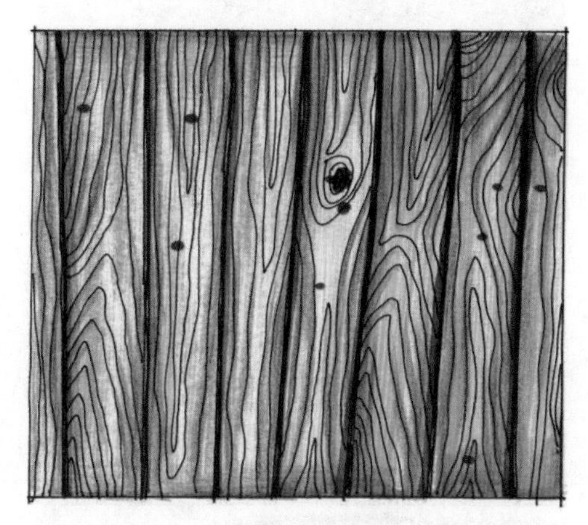

自然原木

4.6.2 石材

在景观设计手绘中，石材的表现种类有很多，对不同石材的表现要掌握其纹理是至关重要的。景观设计装饰材料中，常见的石材有大理石、文化石、花岗岩、青石板等。使用石材装饰部位的不同，选用的石材类型也是不一样的。

1. **大理石**

大理石板材色彩斑斓，色调多样，花纹无一相同。在绘制时，要表现出大理石的形态、色泽、纹理和质感。用线条表现大理石的裂纹时要自然随意，注意虚实的变化。

2. **文化石**

文化石可以分为天然文化石和人造文化石两大类，可以作为室内或室外局部的一种装饰，绘制时要表现出它的形态、纹理和质感。手绘文化石时，注意纹理的表现要用短曲线。

3. **花岗岩**

花岗岩是深层岩，肉眼可辨其矿物颗粒。花岗岩不易风化，颜色美观，外观色泽可保持百年以上，由于其硬度高、耐磨损，是景观设计露天雕刻的首选之材。

4. **青石板**

青石板常见于园林中的地面、屋面瓦等，质地密实，强度中等，易于加工，可采用简单工艺制作成薄板或条形材，是理想的建筑装饰材料。常用于建筑物墙裙、地坪铺贴以及庭院栏杆（板）、台阶灯，具有古建筑的独特风格。

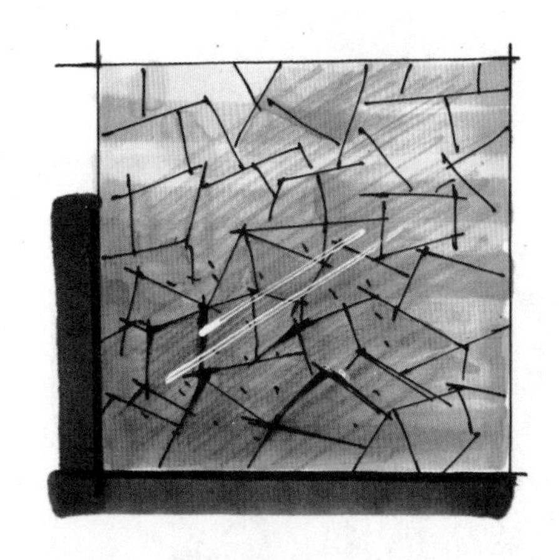

花岗岩

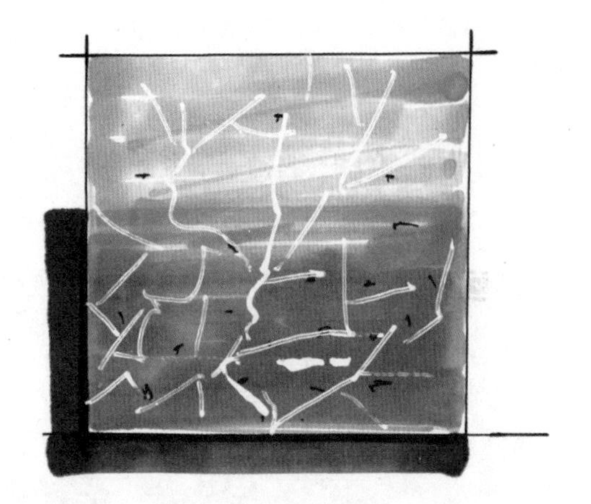

大理石

文化石

青石板

4.6.3 玻璃与金属材质

玻璃是一种透明的固体物质，它在设计中的应用是非常普遍的，门、窗户、家具都有用到。

金属材料的反光质感很重要，金属材质在线条表达上和玻璃材质是相同的，主要区分是固有色的不同。

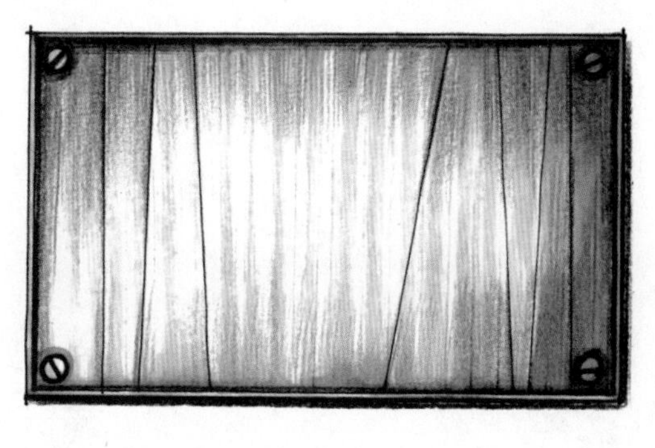

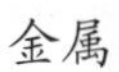

金属

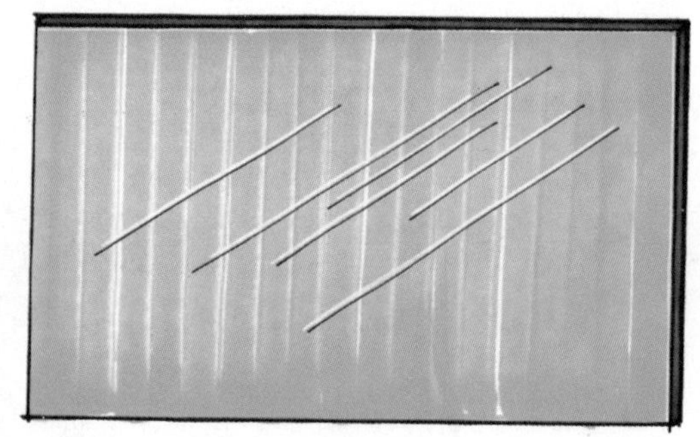

玻璃

4.7 课后练习

1. 练习马克笔的笔触。
2. 用马克笔绘制玻璃、石材、木材等材质。

在园林景观设计手绘中，除了重点表现主体之外，还有大量的配景要素。所谓配景，就是指陪衬主体的环境部分，主要包括植物、山石水景、天空、远山、人物、车和其他环境设施等。协调的配景是根据园林景观设计所要求的地理环境和特定环境而定的。配景的运用能显示主体物的尺度，判断物体的大小。人物是最好的参照物。配景可以调整画面平衡，引导视线，把观察者的视线引向画面的重点部位。配景可以表现出园林景观设计的特点和风格特征，加强园林景观的真实感。配景还可以表现空间效果，利用本身的冷暖、虚实增加画面的纵深感。

第5章 园林景观配景手绘表现

5.1 植物

植物是景观手绘配景中最常见的内容，其作用在于烘托场景气氛，使画面更加的丰富。植物的表现具有很强的可变性，在画面中显得多变而不会单一乏味。植物的画法有很多种，主要是抓住植物的形态特征，不需要过细地描绘植物物种。普通的植物的表现形式都是比较概括的，简单而含蓄。

5.1.1 乔木类

普通的乔木一般比较高大，树的生长是由主干向外生长的。在手绘中要注意树木的轮廓、姿态造型。用线要简洁，快速地表现植物配景。常见乔木如山银杏、玉兰、松树、白桦树、梧桐树等。

1. 乔木明暗关系的表现

表现乔木的明暗关系时，首先把它概括为最简单的几何形体，根据光源的方向进行球体的明暗分析。如果是树丛的表现，可以看成是多个球体的组合。绘制自然界中树木的明暗关系一般分为黑、白、灰三大面，明暗关系不宜过多，在画面中不要喧宾夺主。

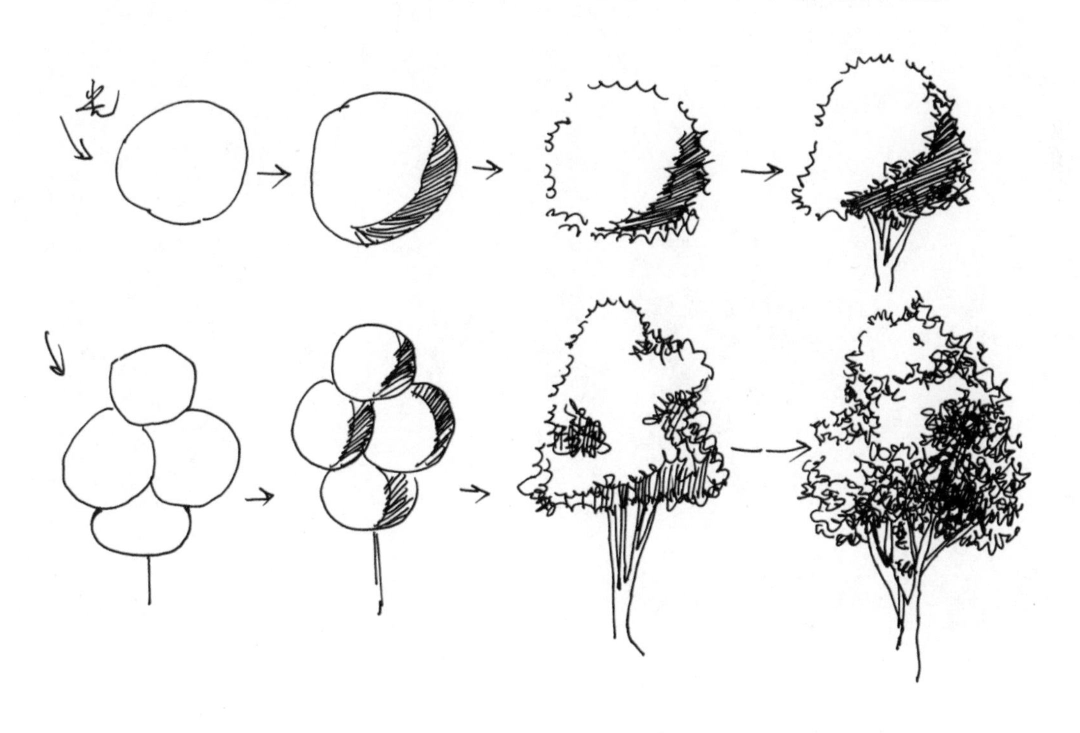

2．**乔木树干结构的表现**

绘制树干时，一般是从下往上绘制，下面的树枝大，越往上越小。注意不要左右对称，左右的树枝长度都是不一样的，否则会显得死板。不同的树木树干的画法不同，绘制时要抓住它们的生长规律。

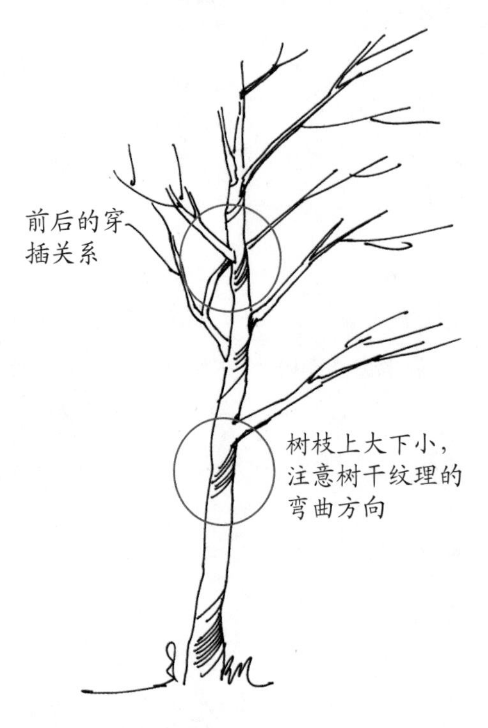

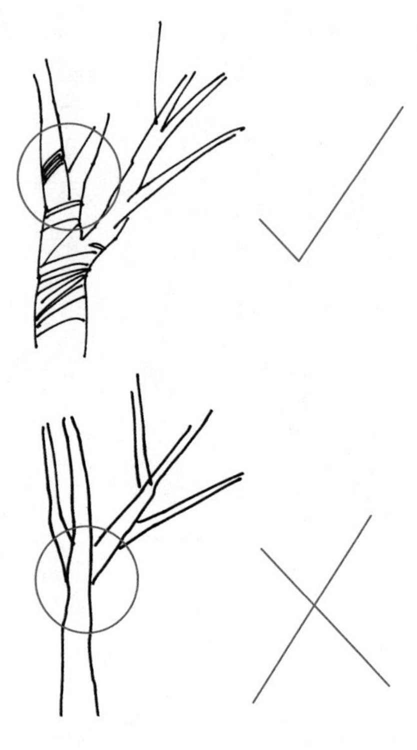

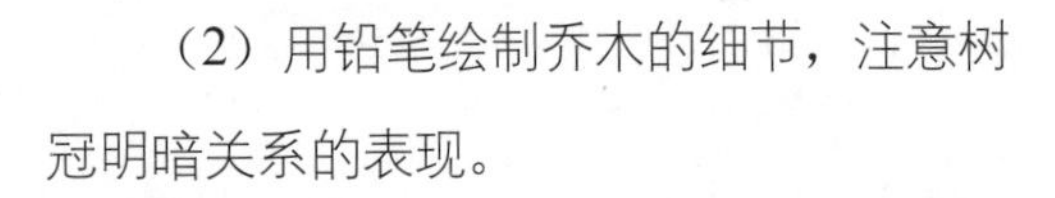

3．**乔木的绘制**

范例一

【绘制步骤】

（1）用铅笔绘制出乔木大概的外形轮廓，把它的树冠看成简单的几何球体。

（2）用铅笔绘制乔木的细节，注意树冠明暗关系的表现。

（3）在铅笔稿的基础上绘制乔木树干与树冠的轮廓线条，注意用线要自然、流畅。

（4）用橡皮擦去画面中多余的铅笔线，保持画面的整洁。

（5）用49号（ ）马克笔画出亮部颜色，把它看成简单的几何长方体。

（6）用45号（ ）马克笔画出受光部与背光部的衔接部分，注意线条之间的透视关系。

（7）用54号（ ）马克笔画出受光部与背光部的衔接部分，完成乔木的绘制。

范例二

【绘制步骤】

（1）用铅笔绘制出乔木大概的外形轮廓，把它的树冠看成简单的几何球体。

（2）用铅笔绘制乔木的细节，注意树冠明暗关系的表现。

（3）在铅笔稿的基础上绘制乔木树干与树冠的轮廓线条，注意用线要自然、流畅。

（4）绘制树木的暗部，用橡皮擦去画面中多余的铅笔线，保持画面的整洁。

（5）用 49 号（ ）马克笔画出亮部颜色，把它看成简单的几何长方体。

（6）用 42 号（ ）马克笔画受光部与背光部衔接部分，注意线条之间的透视关系。

（7）用 100 号（■）马克笔画出受光部与背光部的衔接部分，完成乔木的绘制。

5.1.2 灌木和绿篱植物

灌木是比较矮小的没有明显主干的木本植物，一般组群靠近地面生长形成灌木丛。灌木丛在画面中有一种不很明确的内容形式，是真正意义上的点缀。由灌木或小乔木以近距离的株行距密植，栽成单行或双行，紧密结合的规则的种植形式，称为绿篱、植篱、生篱。绿篱的基本形式根据人们的不同要求，可修剪成不同的形式。其断面常剪成正方形、长方形、梯形、圆顶形、城垛、斜坡形等。

1. 灌木与绿篱明暗关系的表现

画灌木时把灌木丛看成一个立方体或球体，在光照下，分出明暗关系，运用三种明度的同色系颜色就可以表现出黑白灰关系，突出灌木的体积感。

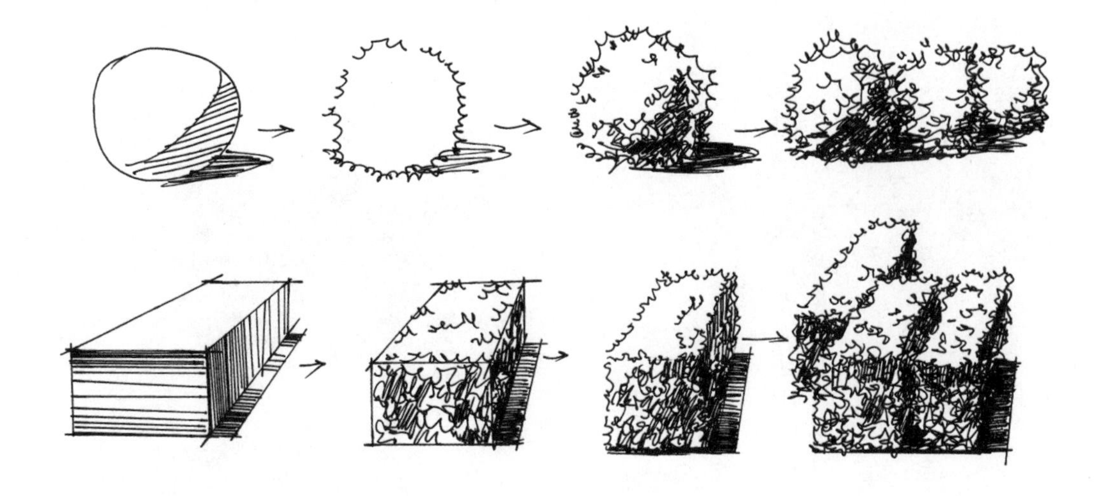

2．**灌木与绿篱的绘制**

范例一

【绘制步骤】

（1）用铅笔绘制出灌木大概的外形轮廓，可以把它的看成简单的几何球体。

（2）用铅笔绘制灌木的细节，注意树冠明暗关系的表现。

（3）在铅笔稿的基础上绘制灌木的树叶线条，注意用线要自然、流畅。

（4）绘制树木的暗部，用橡皮擦去画面中多余的铅笔线，保持画面的整洁。

(5) 用140号（ ）马克笔给灌木亮部上色，把它看成简单的几何球体。

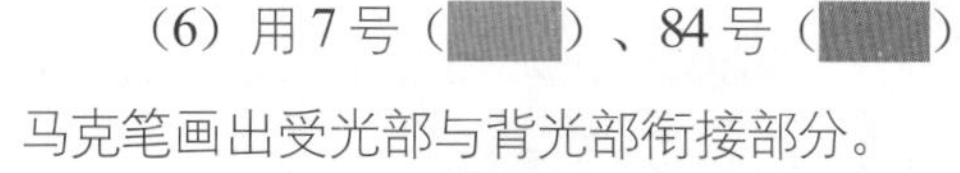

(6) 用7号（ ）、84号（ ）马克笔画出受光部与背光部衔接部分。

(7) 用35号（ ）马克笔绘制灌木的亮部，用83号（ ）马克笔加重灌木的暗部，强化体积感；用WG3号（ ）、92号（ ）马克笔绘制树干颜色，完成灌木的绘制。

范例二

【绘制步骤】

(1) 用铅笔绘制出绿篱大概的外形轮廓，把它看成简单几何体的组合。

(2) 在铅笔稿的基础上用勾线笔勾出绿篱的外形轮廓，注意线条的运用要流畅。

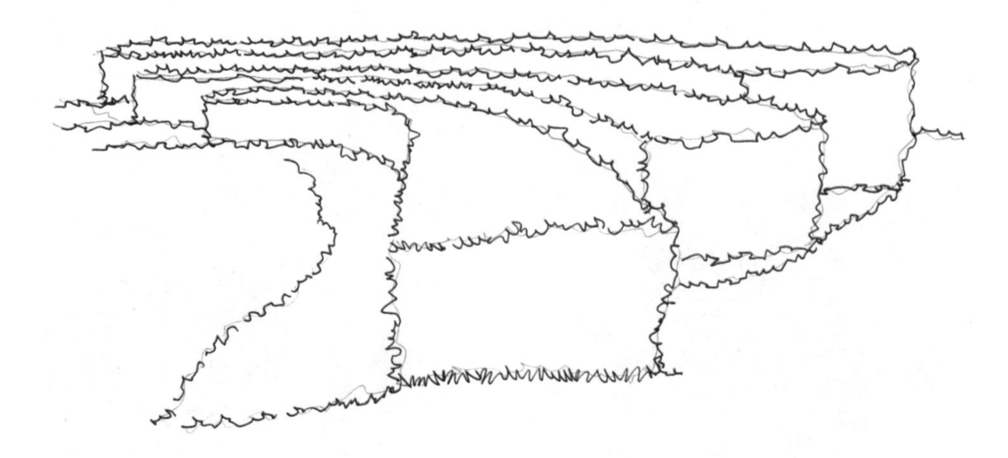

（3）绘制绿篱的暗部，确定出明暗关系，用橡皮擦去画面中多余的铅笔线，保持画面的整洁。

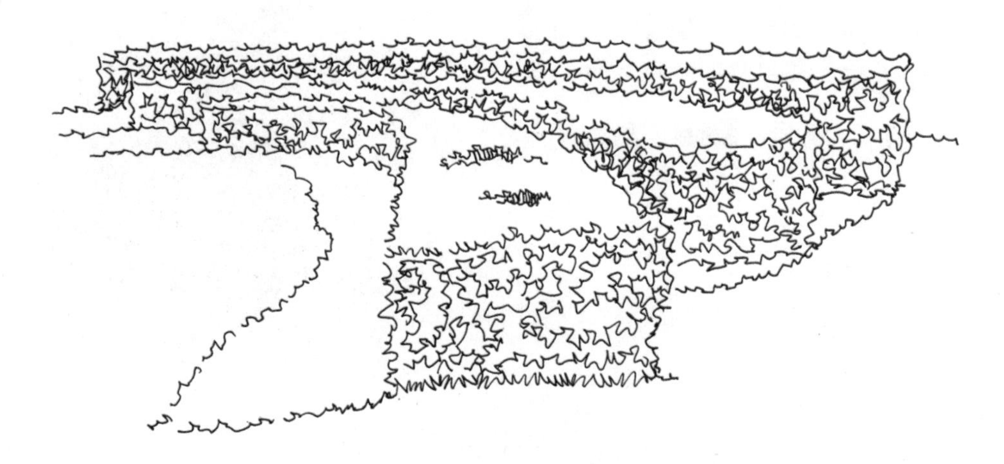

（4）用排列的线条绘制地面的阴影，加重植物的暗部。亮部采用留白的形式，以增强绿篱的体积感。

（5）用 140 号（ ）、48 号（ ）和 167 号（ ）马克笔绘制绿篱与草地的第一层颜色。

（6）用 17 号（ ）、100 号（ ）、58 号（ ）和 46 号（ ）马克笔绘制绿篱与草地的第二层颜色。

（7）用 54 号（ ）、83 号（ ）马克笔加重暗部颜色，再用 164 号（ ）、172 号（ ）马克笔丰富亮部颜色。

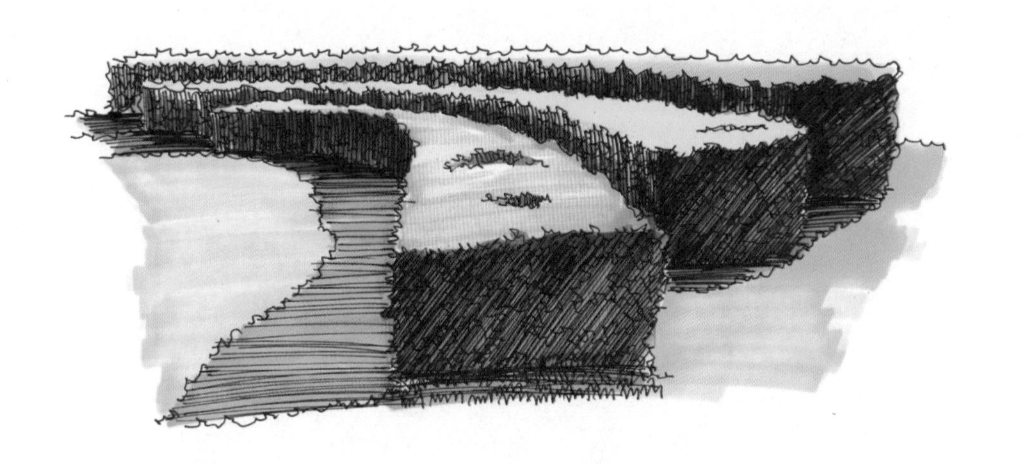

（8）用461号（）、473号（）、478号（）和426号（）彩铅绘制草坪与天空的颜色，完成画面的绘制。

5.1.3 藤本植物

藤本植物的茎细长不能直立，是一种须攀附支撑物向上生长的植物。一般用以进行垂直绿化，可以充分利用土地和空间，占地少，见效快，对美化人口多、空地少的城市环境有重要意义。

【绘制步骤】

（1）确定画面的构图，用铅笔绘制植物大概的外形轮廓。

（2）在铅笔稿的基础上，用勾线笔绘制出花朵的结构线，注意用线要自然、流畅。

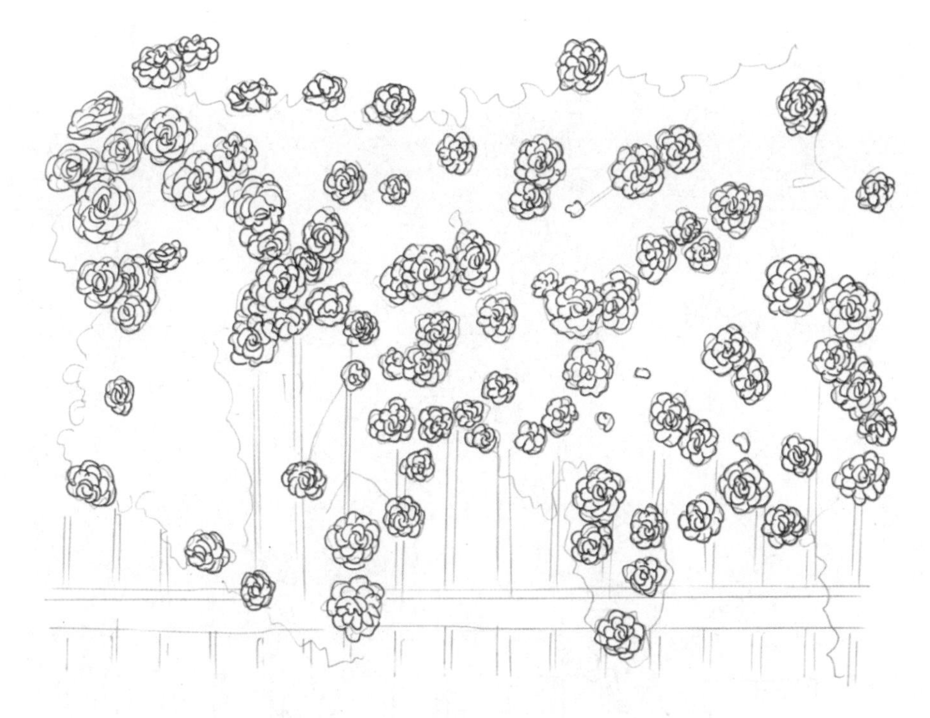

（3）用勾线笔绘制出植物叶子的轮廓线，注意叶子之间的重叠关系。

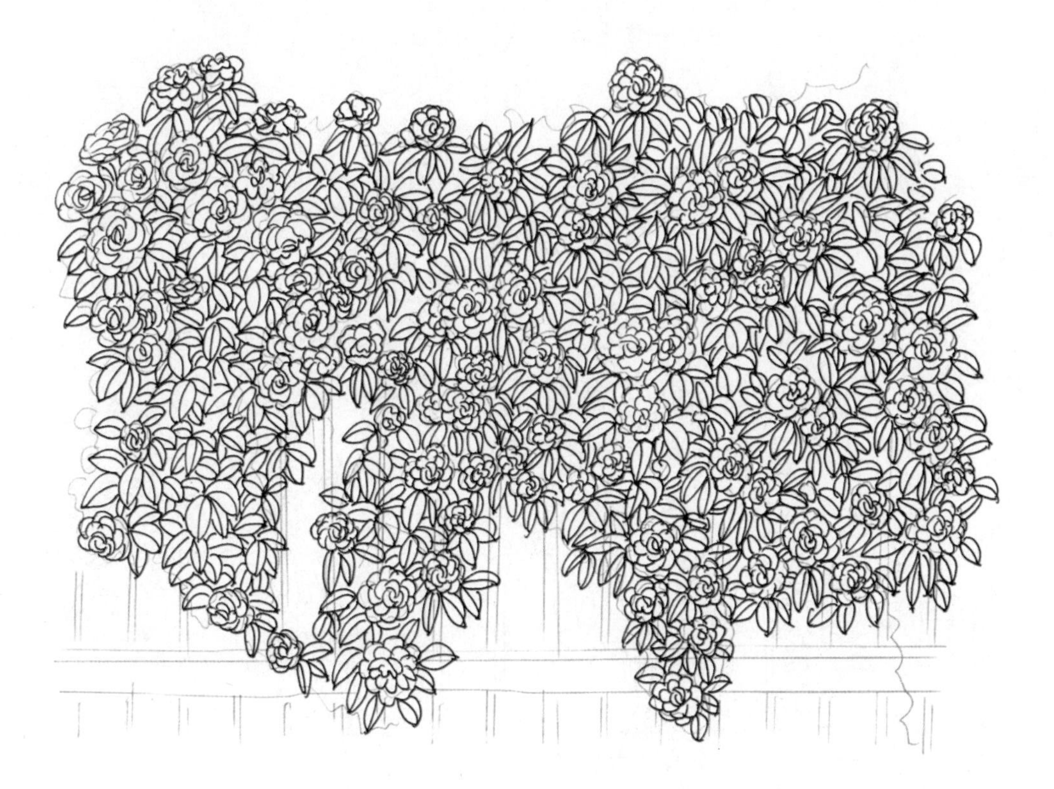

（4）绘制木栅栏的结构线，注意用线要肯定、流畅。

（5）用橡皮擦去画面中多余的铅笔线，保持画面的整洁。

（6）仔细绘制植物的暗部，确定画面的明暗关系，增强画面的空间层次，注意用线要流畅。

（7）用 172 号（　　）马克笔绘制植物叶子的第一层颜色。

（8）用 147 号（ ）马克笔绘制花朵的第一层颜色。

（9）用 56 号（ ）马克笔绘制叶子的第二层颜色，再用 17 号（ ）马克笔绘制花朵的第二层颜色。

（10）用 56 号（■）马克笔加重叶子的颜色，再用 54 号（■）马克笔继续加重叶子的暗部颜色，以增强叶子的空间层次感。

（11）用 84 号（■）、85 号（■）马克笔加重花朵的颜色，增强花朵的空间立体感。

（12）用 104 号（ ）马克笔绘制木栅栏的第一层颜色，再用 100 号（ ）马克笔绘制木栅栏的第二层颜色。

（13）用 407 号（ ）、414 号（ ）、426 号（ ）彩铅绘制画面的背景颜色，丰富画面的内容，完成绘制。

5.1.4 地被和花草

地被植物是指那些株丛密集、低矮，经简单管理即可用于代替草坪覆盖在地表、防止水土流失，能吸附尘土、净化空气、减弱噪音、消除污染并具有一定观赏和经济价值的植物。花草作为画面的重要的配景之一，有着非常重要的作用，花卉的点缀使画面更加的活泼，一般都少面积地用比较亮丽的颜色。

【绘制步骤】

（1）用铅笔绘制草丛大概的外形轮廓，确定画面的构图。

（2）用铅笔绘制草丛大概的外形轮廓，确定画面的构图。

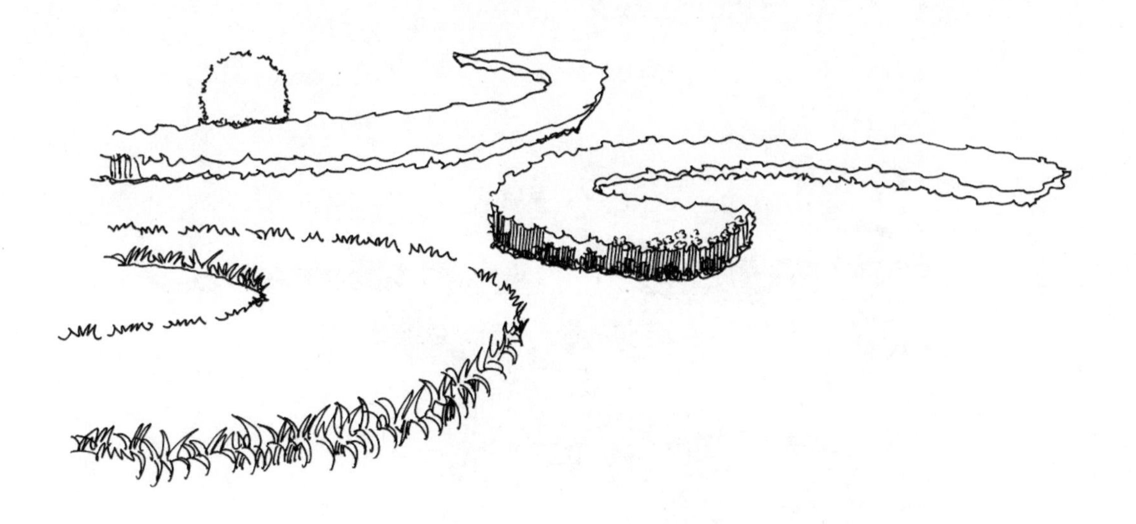

（3）绘制画面的细节，用“m”形线条绘制草坪，注意前后疏密与虚实关系的表现。

（4）用 198 号（ ）、167 号（ ）、172 号（ ）马克笔绘制草丛的第一层颜色。

（5）用 48 号（ ）马克笔绘制草坪的颜色，注意马克笔的笔触与颜色的过渡。

（6）用 48 号（ ）、43 号（ ）、83 号（ ）、88 号（ ）马克笔加重草丛的暗部颜色，注意马克笔的笔触。

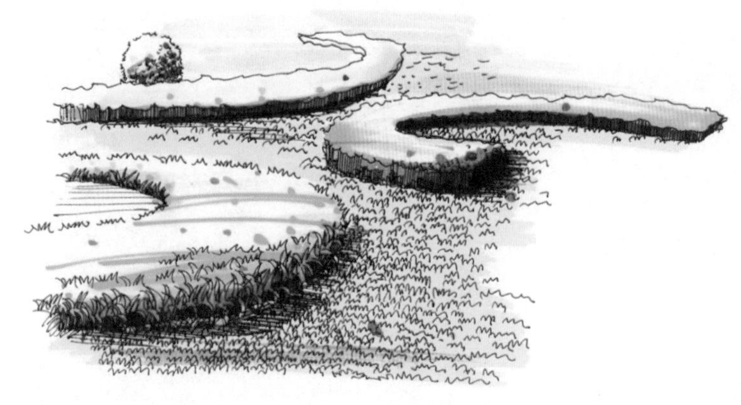

（7）用 167 号（ ）马克笔与 473 号（ ）、421 号（ ）彩铅绘制近景草坪的颜色，注意彩铅的笔触表现。

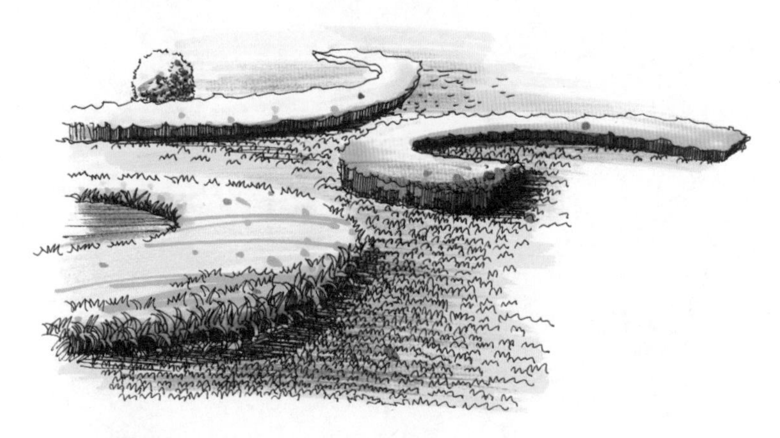

（8）用 185 号（ ）马克笔、449 号（ ）与 439 号（ ）系彩铅绘制天空的颜色，丰富画面的空间层次，完成绘制。

5.1.5 水生植物

水生植物一般是指能够长期在水中或水分饱和土壤中正常生长的植物，如水竹、芦苇、千屈菜、睡莲、布袋莲、水蕴草、满江红等。

范例一

【绘制步骤】

（1）用铅笔绘制出水生植物大概的外形轮廓，表现出大体的结构特征即可。

（2）在铅笔稿的基础上绘制水生植物的轮廓线条，注意用线要自然、流畅。

（3）用橡皮擦去画面中多余的铅笔线，保持画面的整洁。

（4）仔细绘制植物的结构细节，用自然的线条绘制水面。

（5）用 172 号（ ）马克笔绘制植物叶子的第一层颜色。

（6）用 147 号（ ）马克笔绘制花朵的第一层颜色，再用 84 号（ ）、83 号（ ）马克笔绘制花朵中心的颜色，增强花朵的空间立体感。

（7）用 56 号（ ）马克笔绘制植物叶子的第二层颜色，用 144 号（ ）马克笔绘制水面的颜色。

（8）用 54 号（ ）马克笔加重叶子的颜色，加强叶子的厚重感。

（9）用 57 号（ ）、183 号（ ）马克笔丰富水面的颜色，注意马克笔颜色的渐变与过渡；整体调整画面，完成绘制。

范例二

【绘制步骤】

（1）确定画面的构图，用铅笔绘制出植物之间的位置关系，注意画面透视关系的表现。

（2）按照从前向后的作画原理，用勾线笔在铅笔线的基础上绘制画面近景的植物，注意表现出不同植物的结构特征。

（3）依次往后绘制植物的轮廓线，注意植物叶子前后穿插关系的绘制。

（4）绘制远景植物，注意绘制植物的线条要自然、流畅。

（5）用橡皮擦去画面中多余的铅笔线，保持画面的整洁。

（6）仔细刻画画面的细节，用排列的线条绘制水面的倒影，注意画面亮部的留白。

（7）用 172 号（ ）马克笔绘制植物的第一层颜色。

（8）用 56 号（ ）马克笔绘制植物的第二层颜色，加重植物的颜色。

（9）用 167 号（ ）马克笔绘制水面的颜色，注意马克笔笔触的变化。

（10）用48号（ ）马克笔绘制叶子的亮部，用55号（ ）、54号（ ）马克笔绘制植物的暗部。

（11）用WG6号（ ）、42号（ ）马克笔加重浮萍的暗部颜色，用65号（ ）马克笔绘制水面暗部颜色，增强画面的空间进深感；整体调整画面，完成绘制。

5.1.6 花篮

花篮是以观花植物为主的盆栽景观。其花色艳丽，花朵硕大，花形奇异，并具香气。手绘表现中常见的有葱兰、杜鹃、一串红、菊花、郁金香、牡丹等。

范例一

【绘制步骤】

（1）用铅笔绘制出花篮大概的外形轮廓，表现出花篮大体的形态特征。

（2）用勾线笔在铅笔稿的基础上绘制出植物线条，注意曲线的运用要自然。

（3）继续用勾线笔绘制出花篮的结构线，注意花篮上纹理的表现。

（4）用橡皮擦去画面中多余的铅笔线，保持画面的整洁。

（5）用104号（ ）马克笔绘制花篮的第一层颜色，用172号（ ）马克笔绘制植物叶子的第一层颜色，用147号（ ）马克笔绘制花朵的第一层颜色。

（6）用46号（ ）马克笔绘制植物叶子的第二层颜色。

（7）用 56 号（ ）马克笔加重植物叶子的颜色。

（8）用 84 号（ ）马克笔绘制花的第二层颜色，用 85 号（ ）马克笔进一步加重花朵的颜色。

（9）用 100 号（ ）马克笔加重花篮的颜色，用 BG5 号（ ）马克笔绘制画面铁质材料的颜色。

（10） 用 466 号（ ）、461 号（ ）彩铅给画面绘制背景颜色，丰富画面内容；整体调整画面，完成绘制。

范例二

【绘制步骤】

（1）用铅笔绘制出花篮大概的外形轮廓，表现出花篮大体的形态特征即可。

（2）用勾线笔在铅笔稿的基础上绘制出植物线条，注意曲线的运用要自然。

（3）用勾线笔绘制出花篮的结构线。

（4）用勾线笔绘制栅栏的结构线，注意用线要肯定、流畅。

（5）用橡皮擦去画面中多余的铅笔线，保持画面的整洁。

（6）仔细刻画花篮的细节，用排列的线条绘制花篮的暗部，注意线条的疏密关系。

（7）用 172 号（ ）马克笔绘制植物叶子的第一层颜色，用 147 号（ ）马克笔绘制花朵的第一层颜色。

（8）用 169 号（ ）、CG3 号（ ）马克笔绘制花篮的第一层颜色。

（9）用 46 号（ ）、55 号（ ）马克笔加重植物叶子的颜色，增强叶子的厚重感。

（10）用 17 号（ ）、84 号（ ）、85 号（ ）马克笔依次加重花朵的颜色。

（11）用 54 号（ ）马克笔进一步加重植物叶子的颜色，用 100 号（ ）、CG5 号（ ）马克笔加重花篮的颜色，增强花篮的空间立体感。

（12）用 145 号（ ）马克笔绘制栅栏的颜色，用 GG3 号（ ）马克笔加重结构线处的颜色，完成绘制。

5.1.7 盆景

盆景是呈现于盆器中的风景或园林花木景观的艺术制品，多以树木、花草、山石、水、土等为素材，经匠心布局、造型处理和精心养护，能在咫尺空间中体现山川神貌和园林艺术之美，成为富有诗情画意的案头清供和园林装饰，常被誉为“无声的诗，立体的画”。

范例一

【绘制步骤】

（1）用铅笔绘制出盆栽大概的外形轮廓，表现出盆栽大体的形态特征即可。

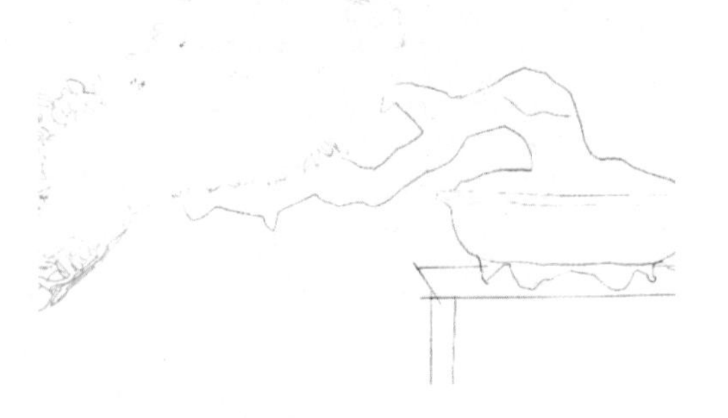

（2）用勾线笔在铅笔稿的基础上绘制出植物的叶子，注意曲线的运用要自然。

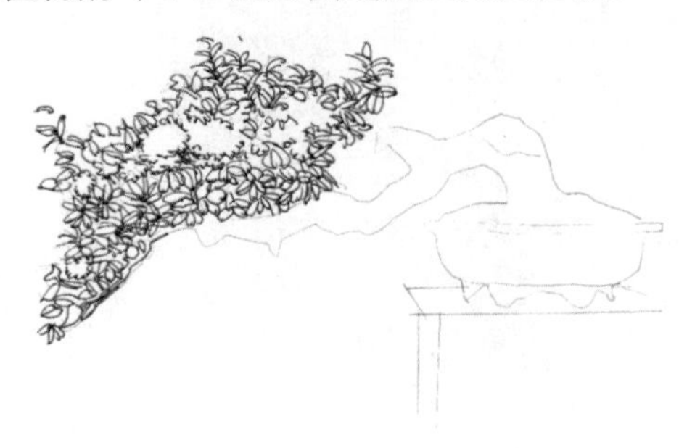

（3）用勾线笔绘制树干与花盆的结构线，注意用线要肯定、流畅。

（4）用橡皮擦去画面中多余的铅笔线，保持画面的整洁。

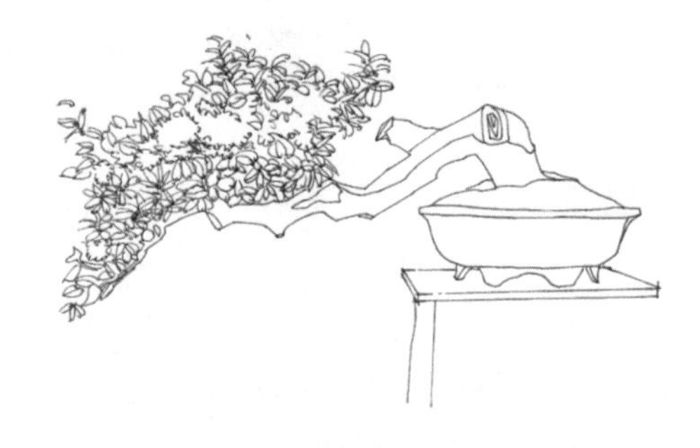

（5）仔细绘制画面的暗部，注意线条的排列方向。

（6）用 59 号（ ）马克笔绘制植物叶子的第一层颜色，用 164 号（ ）马克笔绘制花朵的第一层颜色，用 36 号（ ）马克笔绘制树干的第一层颜色。

（7）用 46 号（ ）马克笔绘制植物叶子的第二层颜色，用 100 号（ ）马克笔绘制树干的暗部颜色。

（8）用 37 号（ ）、35 号（ ）、17 号（ ）马克笔绘制花朵的颜色，用 55 号（ ）马克笔加重叶子的暗部。

（9）用 92 号（ ）马克笔进一步加重树干的暗部，用 WG3 号（ ）、103 号（ ）马克笔绘制土壤的颜色。

（10）用 140 号（ ）马克笔绘制花盆的第一层颜色，用 97 号（ ）、95 号（ ）马克笔加重花盆暗部的颜色，增强花盆的立体感。

（11）用 163 号（ ）马克笔绘制植物的背景颜色，用 WG3 号（ ）马克笔绘制画面的阴影，完成绘制。

范例二

【绘制步骤】

（1）用铅笔绘制出盆景大概的外形轮廓，把花盆看成简单的几何球体。

（2）用勾线笔在铅笔稿的基础上绘制出植物的叶子，注意曲线的运用要自然。

（3）用勾线笔绘制花盆的结构线，注意用线要肯定、流畅。

（4）用橡皮擦去画面中多余的铅笔线，保持画面的整洁。

（5）仔细绘制画面的细节与暗部，注意线条的排列方向。

（6） 用 59 号（ ）、172 号（ ）马克笔绘制植物叶子的第一层颜色，用 163 号（ ）马克笔绘制花朵的第一层颜色。

（7）用 46 号（ ）马克笔加重叶子的颜色，用 35 号（ ）马克笔加重花朵的颜色，注意马克笔笔触的变化。

（8） 用 34 号（ ）、WG3 号（ ）马克笔绘制花盆的颜色。

（9）用 100 号（ ）马克笔与 487 号（ ）彩铅加重花盆的暗部颜色，增强花盆的空间立体感。

（10） 用 140 号（ ）、84 号（ ）马克笔绘制花朵的暗部颜色，用 55 号（ ）马克笔加重植物叶子的暗部，增强画面的空间层次。

（11） 用 GG3 号（ ）、145 号（ ）马克笔绘制画面的阴影，完成绘制。

5.1.8 植物群落

植物群落包括许多种植物在一起，但在绘制植物的过程中不论是花草、灌木与绿篱还是树木，都必须注意植物疏密关系的表现。绘制时要讲究线条的美感，植物的变化与统一，在上色时更要注意色彩和明暗关系的表现。

【绘制步骤】

（1）用铅笔绘制出景观植物大概的外形轮廓，确定画面的构图。

（2）按照从前至后的作画原理，用勾线笔在铅笔稿的基础上绘制近景植物，绘制草丛时注意叶子的前后穿插关系，用“m”形线条绘制草坪，注意疏密关系的表现。

（3）向后绘制中景植物，注意小灌木的结构特征。

（4）绘制远景植物，注意绘制远景时，只要绘制出植物的外形轮廓线即可。

（5）用橡皮擦去画面中多余的铅笔线，保持画面的整洁。

（6）仔细绘制植物群落的细节，加重画面的暗部颜色，确定画面大体的明暗关系，增强画面的空间层次，注意用线要自然、流畅。

（7）用167号（　　）马克笔给近景与中景植物绘制第一层颜色，用179号（　　）马克笔给远景植物绘制第一层颜色。

（8）用 48 号（ ）马克笔给草坪绘制第二层颜色，注意马克笔扫笔笔触的运用；用 48 号（ ）马克笔给草丛绘制第二层颜色。

（9）用 55 号（ ）马克笔加重草丛的暗部颜色；用 58 号（ ）马克笔绘制中景植物的第二层颜色，注意马克笔笔触的变化。

（10）用 54 号（■）马克笔加重中景植物的暗部颜色；用 461 号（ ）彩铅丰富草坪的颜色；用 407 号（ ）、426 号（ ）、463 号（ ）、473 号（ ）彩铅绘制远景植物的颜色，注意彩铅笔触的方向要统一。

（11）用 449 号（ ）、407 号（ ）、461 号（ ）、434 号（ ）彩铅绘制背景天空的颜色，丰富画面的空间层次，注意彩铅颜色的渐变与过渡；整体调整画面，完成绘制。

5.2 山石水景

园林景观设计手绘中山石和水都是重要的角色。我国自然山水园林大多都具有“无园不山、无园不石、叠石为山、山石融合、诗情画意、妙极自然”的特点，凝聚了自然山川之美的山石，大大加强了园林空间的山林情趣。山石和水总是相互衬映的，园林景观的设计中，它们也具有区分空间的作用。

5.2.1 石块表现

山石是景观设计表现中的重要因素，不同的山石有着不同的形态特征。山石的种类有很多，常见的景观石有太湖石、钟乳石、岩石、蘑菇石，自然石头、人工假山、自然远山等，石头主要分布于水池湖边、道路边、绿荫林地等，这些石头在景观园林中增强了景观的趣味性。绘制石块时要记住“石分三面”，勾画石块的轮廓时画出左、右、上三个面，这样可使石块具有体积感。

范例一

【绘制步骤】

（1）用铅笔绘制出石头与配景植物大概的外形轮廓，确定画面的构图。

（2）在铅笔稿的基础上用勾线笔勾出植物的轮廓线，注意叶子的穿插关系，用线要流畅、自然。

（3）用勾线笔绘制出石头的外形轮廓线，注意用线要肯定。

（4）用橡皮擦去画面中多余的铅笔线，保持画面的整洁。

（5）绘制石块的细节，用排列的线条绘制石块的暗部，确定出石块的明暗关系。

（6）用59号（ ）马克笔绘制植物的第一层颜色。

（7）用BG1号（ ）马克笔绘制石块的第一层颜色，注意亮部要适当地留白。

（8）用46号（ ）马克笔绘制植物的第二层颜色，用BG3号（ ）马克笔加重石块的暗部颜色，增强石块的空间立体感。

（9）用 55 号（ ）马克笔加重植物的暗部颜色，用 407 号（ ）彩铅绘制石块的亮部，用 466 号（ ）、461 号（ ）彩铅绘制画面的背景颜色；调整画面，完成绘制。

范例二

【绘制步骤】

（1）用铅笔绘制出石块大概的外形轮廓线。

（2）用勾线笔在铅笔稿的基础上绘制出石块准确的外形轮廓线，注意用线的流畅性。

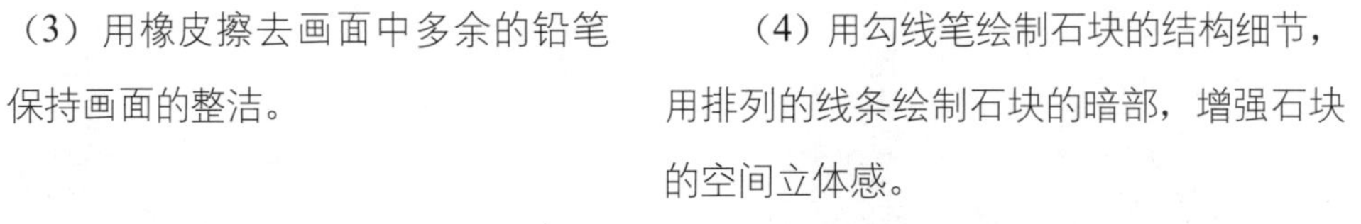

（3）用橡皮擦去画面中多余的铅笔线，保持画面的整洁。

（4）用勾线笔绘制石块的结构细节，用排列的线条绘制石块的暗部，增强石块的空间立体感。

（5）用 139 号（ ）马克笔绘制石块的第一层颜色。

（6） 用 140 号（ ）、147 号（ ）马克笔绘制石块的第二层颜色。

（7） 用 100 号（ ）、WG3 号（ ）马克笔绘制石块的暗部颜色。

（8） 用 WG6 号（ ） 马 克 笔进一步加重石块的暗部颜色，用 478 号（ ）彩铅绘制背景颜色，完成绘制。

5.2.2 水景表现

水景是园林景观设计的重要因素之一。水在自然界中有着不同的形态，如缓缓流动的溪水、平静如镜的湖水、奔腾的瀑布，但不论是哪种形态都体现出了水的灵动美。对于水景的绘制，要根据画面的具体情况来定。一般都用单线表现水景，最好的处理方式是采用留白或是线条疏密的排列。

范例一

【绘制步骤】

（1）用铅笔绘制水景小品大体的外形轮廓线，表现出小品基本的形态特征即可。

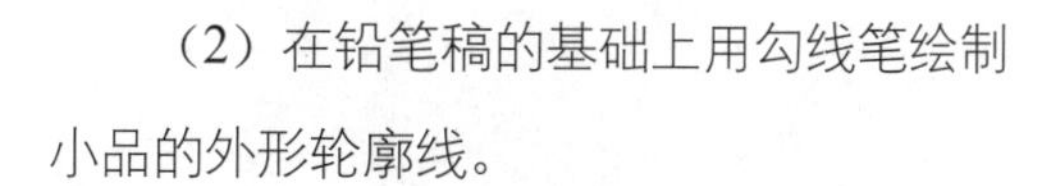

（2）在铅笔稿的基础上用勾线笔绘制小品的外形轮廓线。

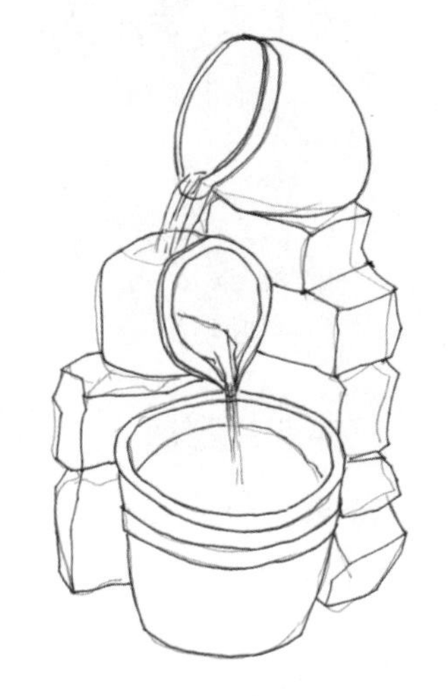

（3）用橡皮擦去画面中多余的铅笔线，保持画面的整洁。

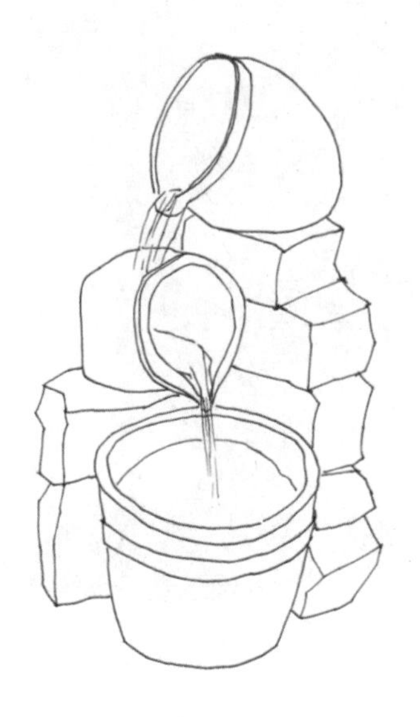

（4）绘制水景小品的结构细节，用排列的线条绘制暗部，确定画面的明暗关系。

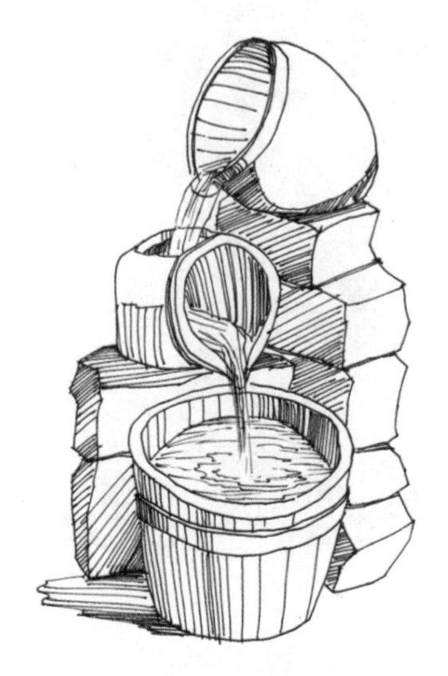

（5）用41号（ ）马克笔绘制水罐的第一层颜色。

（6）用25号（ ）马克笔绘制水罐的第二层颜色与石头的亮部颜色，用WG3号（ ）马克笔绘制水罐内部的暗部。

（7）用WG6号（ ）马克笔加重石块与水罐里面的暗部以及地面的阴影颜色，用487号（ ）彩铅绘制石块亮部与暗部衔接处的颜色。

（8）用179号（ ）马克笔绘制流水的第一层颜色，用447号（ ）、449号（ ）、487号（ ）彩铅丰富流水的颜色，完成水景的绘制。

范例二

【绘制步骤】

（1）用铅笔绘制出水景大体的外形轮廓线，表现出基本的形态特征即可。

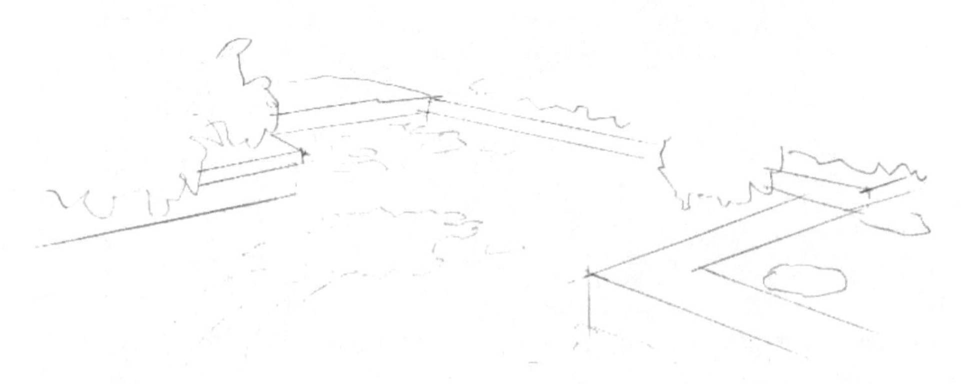

（2）在铅笔稿的基础上用勾线笔绘制出水岸与周围植物的外形轮廓，注意直线与曲线的运用。

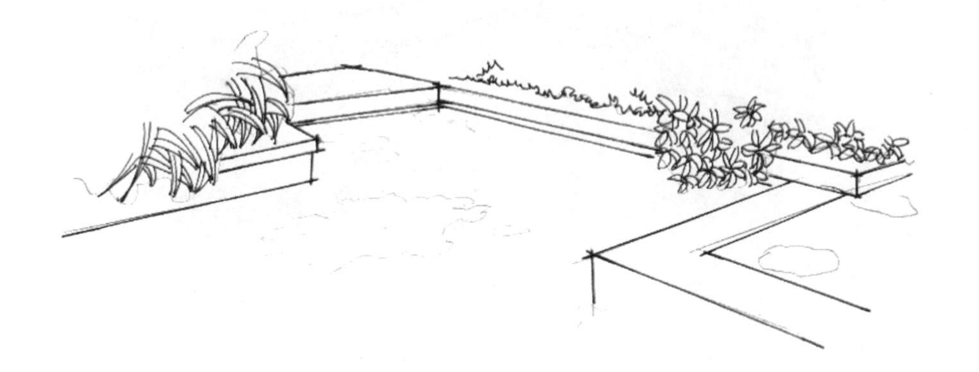

（3）刻画出水的形态，注意水纹理的表现。

（4）用橡皮擦去画面中多余的铅笔线，保持画面的整洁。

（5）仔细绘制植物与水面的细节，用排列的线条绘制画面的暗部与水面的倒影，确定画面的明暗关系，增强画面的空间层次，注意用线要流畅。

（6）用 59 号（ ）马克笔绘制植物的第一层颜色，用 GG3 号（ ）马克笔绘制水岸的暗部颜色。

（7）用 179 号（ ）马克笔绘制水面的第一层颜色，注意亮部的留白，不要画得太满。

（8）用 46 号（ ）马克笔绘制植物的第二层颜色，用 GG5 号（ ）马克笔加重水岸的暗部颜色。

（9）用58号（ ）马克笔绘制植物在水面的倒影，用449号（ ）彩铅加重水面的颜色。

（10）用54号（ ）马克笔加重植物的暗部颜色，增强画面的空间层次感；用425号（ ）彩铅丰富水面的颜色，用425号（ ）、470号（ ）彩铅绘制背景颜色，丰富画面的内容；整体调整画面，完成绘制。

5.2.3 山石水景的综合表现

山石的坚硬，水景的柔美，山石水景的组合表现在园林景观手绘中，可使画面更加的生动，更具有浓烈的自然气息。

【绘制步骤】

（1）用铅笔绘制底稿，勾出石头与配景植物大概的外形轮廓，确定画面的构图。

（2）按照从前至后的作画原理，在铅笔稿的基础上用勾线笔绘制近景，注意用笔要肯定，用线要流畅。

（3）向后绘制石头与配景植物，确定外形轮廓线。

(4) 绘制流水的形态，注意用线要轻盈，表现出水柔美的特征；用橡皮擦去画面中多余的铅笔线，保持画面的整洁。

(5) 绘制画面的暗部颜色与阴影，区分出画面大体的明暗关系，注意线条的排列与疏密关系的表现。

（6）绘制植物的颜色，用 167 号（ ）马克笔绘制植物的第一层颜色，用 58 号（ ）、46 号（ ）马克笔绘制植物的第二层颜色。

（7）用 140 号（ ）、139 号（ ）马克笔绘制石块的第一层颜色，用 WG3 号（ ）马克笔加重石块的暗部颜色。

（8）用 179 号（ ）马克笔绘制流水的第一层颜色，用 449 号（ ）彩铅加重流水的颜色，注意水面亮部的适当留白。

（9）用 48 号（ ）马克笔绘制植物的亮部颜色，用 54 号（ ）马克笔加重植物的暗部颜色，用 WG6 号（ ）马克笔加重石块的暗部颜色。

（10）用 449 号（ ）、434 号（ ）彩铅丰富流水的颜色，用 454 号（ ）彩铅绘制背景天空的颜色，丰富画面的空间层次；整体调整画面，完成绘制。

5.3 交通工具的表现

交通工具在手绘表现中也是常见的配景内容，一般包括汽车、摩托车、自行车、船舶等。作画时根据实际的情况及画面的需要添加或删减一些交通工具，烘托画面主体，强调画面场景气氛。

5.3.1 船只

园林景观的设计大多是靠着河道的，否则在园林中也会有湖泊。在手绘表现时可以适当画一些竹筏、船舶等，增强画面的气氛。手绘者在作画的过程中，要把握船舶等的主要特征进行绘制。

【绘制步骤】

（1）用勾线笔绘制出船只大概的外形轮廓线。

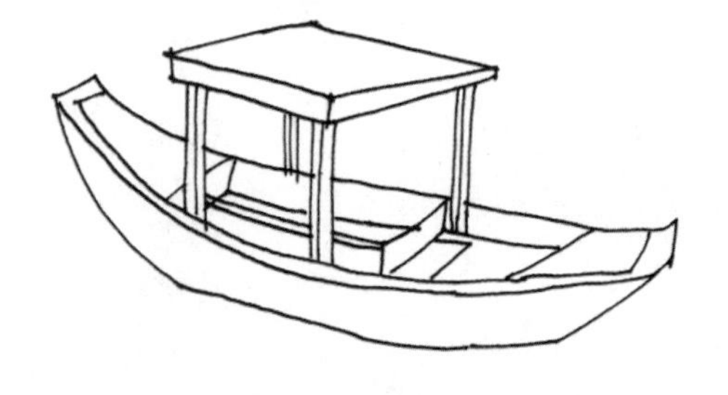

（2）用勾线笔绘制船只的结构细节，注意线条之间的透视关系。

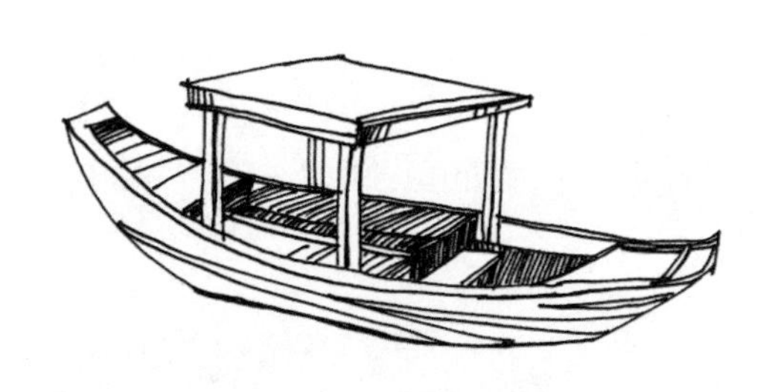

（3）用勾线笔继续绘制船只的暗部。

（4）绘制船只在水面的倒影，注意线条的排列方向与疏密关系的表现。

其他船只表现如下所示。

5.3.2 车辆

汽车的种类有很多，是手绘中最常见的配景交通工具。交通工具手绘的重点在于把握好基本结构及透视变化，用线要干脆利落，注意交通工具的透视与画面主体的透视协调一致，比例适当。

【绘制步骤】

（1）用铅笔绘制出车辆大概的外形轮廓，把汽车看成简单的几何体。

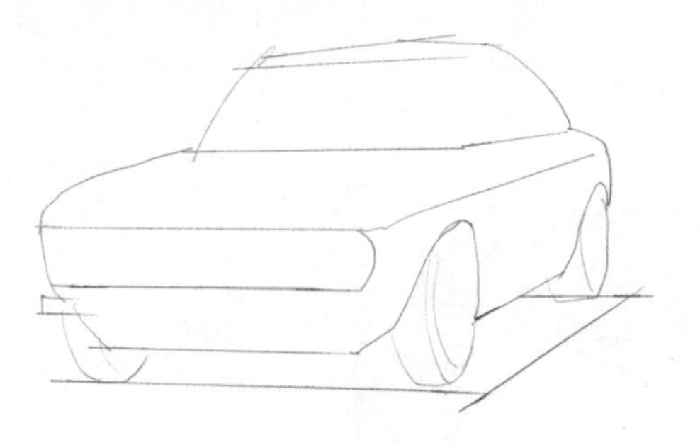

（2）用铅笔绘制汽车的结构细节，注意线条的透视关系。

（3）在铅笔稿的基础上用勾线笔绘制出汽车准确的外形轮廓线。

（4）用橡皮擦去画面中多余的铅笔线，保持画面的整洁。

（5）仔细刻画汽车的细节，用排列的线条绘制汽车的暗部与地面的阴影。

（6）用 GG3 号（ ）马克笔绘制汽车的第一层颜色，注意马克笔笔触的运用。

（7）用36号（ ）、179号（ ）马克笔与449号（ ）彩铅绘制汽车玻璃及车灯的颜色。

（8）用GG3号（ ）、GG5号（ ）马克笔加重汽车的暗部颜色，用499号（ ）彩铅加重汽车的暗部颜色。

（9）用499号（ ）、451号（ ）、487号（ ）彩铅绘制地面的阴影，用499号（ ）彩铅加重车轮的暗部颜色；整体调整画面，完成绘制。

5.4 人物

人物是园林景观设计手绘表现中不可缺少的部分，在手绘的效果图中配上各种姿态的人物，可使手绘表现的画面更加的生动，生活气息浓厚，也可使画面具有特定的环境效果。

5.4.1 单体人物

绘制人物时注意人体各部位比例要协调，人物的动作不要过大，姿态要端庄稳定。注意过多的单体人物会使画面零散、生硬。

范例一

【绘制步骤】

（1）用铅笔绘制出人物大概的外形轮廓线。

（2）用铅笔进一步刻画人物的外形轮廓线，注意人物结构特征的表现。

（3）用勾线笔在铅笔稿的基础上绘制人物确定的外形轮廓线，注意用线要肯定、流畅；用橡皮擦去画面中多余的铅笔线，保持画面的整洁。

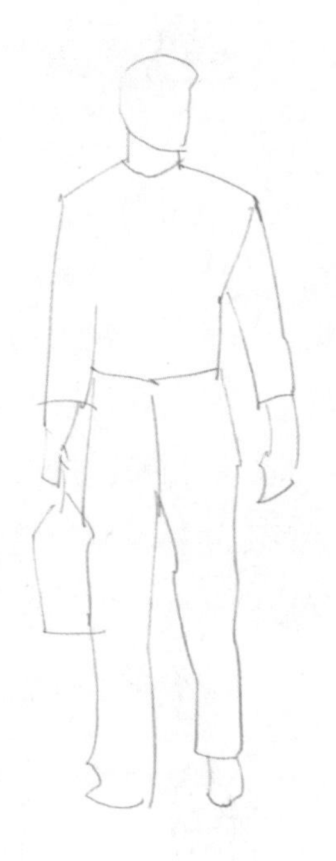

（4）用勾线笔进一步刻画人物的细节，注意衣服纹理与褶皱的表现。

（5）用 145 号（ ）马克笔绘制头发的颜色，用 141 号（ ）马克笔绘制人物的肤色，注意亮部的留白。

（6）用 164 号（ ）马克笔绘制上衣的颜色，用 179 号（ ）马克笔绘制裤子的颜色，用 CG3 号（ ）马克笔绘制手提包与地面的阴影，完成绘制。

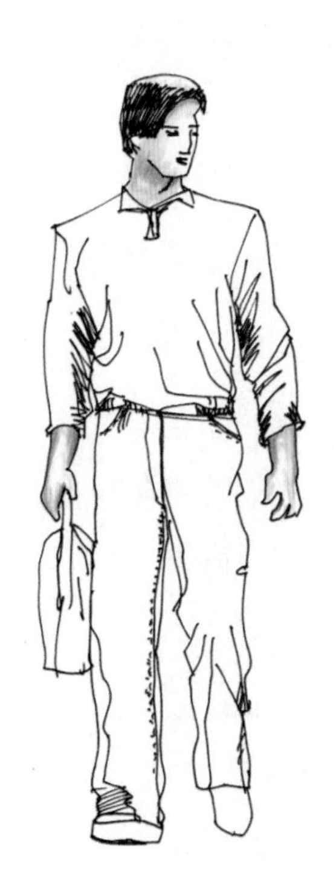

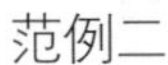
范例二

【绘制步骤】

（1）用铅笔绘制出人物大概的外形轮廓线。

（2）用铅笔进一步刻画人物的外形轮廓线，注意人物结构特征的表现。

（3）用勾线笔在铅笔稿的基础上绘制人物确定的外形轮廓线，注意用线要肯定、流畅；用橡皮擦去画面中多余的铅笔线，保持画面的整洁。

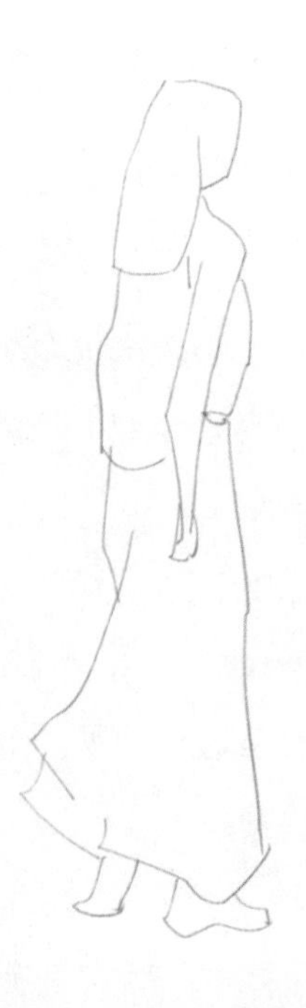

（4）用勾线笔进一步刻画人物的细节，注意衣服褶皱纹理的表现。

（5）用18号（ ）马克笔、34号（ ）马克笔绘制头发的颜色，用141号（ ）马克笔绘制人物的肤色。

（6）用66号（ ）马克笔、37号（ ）马克笔绘制背包，用77号（ ）马克笔绘制裙子与鞋子，用CG3号（ ）马克笔绘制地面阴影，完成绘制。

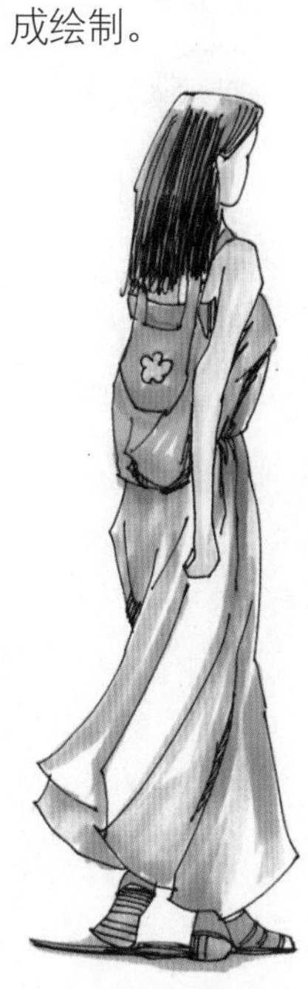

其他人物表现如下所示。

第5章 园林景观配景手绘表现

5.4.2 组合人物

成群人物的表现可以烘托画面的气氛。手绘者可以概括人物轮廓，简单地表现人群的状态。注意：过多的群体人物会使画面产生密集感，不利于层次的体现。

【绘制步骤】

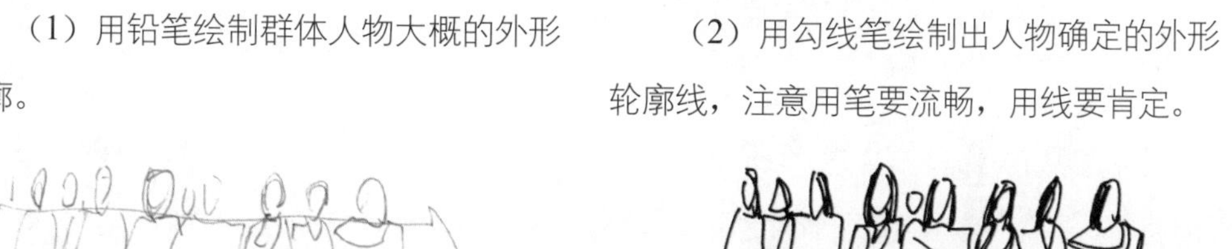

(1) 用铅笔绘制群体人物大概的外形轮廓。

(2) 用勾线笔绘制出人物确定的外形轮廓线，注意用笔要流畅，用线要肯定。

(3) 用107号（ ）、134号（ ）、144号（ ）马克笔绘制人物的颜色。

(4) 用16号（ ）、67号（ ）、95号（ ）马克笔加重人物的颜色。

(5) 用103号（ ）、43号（ ）马克笔绘制人物的暗部颜色，用WG6号（ ）马克笔绘制阴影，完成绘制。

5.5 道路铺装的表现

园林景观道路铺装的材料有很多种，一般常见的有大理石铺装、木质地板铺装、青石板铺装、马赛克铺装、鹅卵石铺装等。

5.5.1 卵石地面

卵石是一种纯天然的石材，它的品质坚硬，色泽鲜明古朴，是建筑及室内装饰常用的材料之一。由于它具有较强的抗压、耐磨、耐腐蚀性，所以被广泛应用于景观道路铺装设计之中。

【绘制步骤】

(1)用铅笔绘制出花盆与道路大概的轮廓，确定画面的构图，注意画面透视关系的表现。

(2) 按照从左至右的作画原理，在铅笔稿的基础上用勾线笔绘制画面左边的盆景植物，注意植物用线要自然、流畅。

（3）往右依次绘制卵石铺装的道路，绘制时注意近大远小的透视关系。

（4）用“m”形线条绘制草坪，注意疏密关系的表现。

（5）用橡皮擦去画面中多余的铅笔线，保持画面的整洁。

（6）仔细绘制画面的细节，用排列的线条加重画面的暗部，确定画面的明暗关系，增强画面的空间层次，注意用线要流畅。

（7）用 59 号（ ）马克笔绘制植物的第一层颜色，注意马克笔扫笔笔触的运用。

（8）用 GG1 号（ ）马克笔绘制卵石铺路的第一层颜色，用 25 号（ ）马克笔绘制花盆的第一层颜色。

（9）用124号（ ）、147号（ ）、44号（ ）马克笔绘制花朵的颜色，用46号（ ）马克笔绘制植物的第二层颜色。

（10）用88号（ ）、83号（ ）马克笔加重花朵的颜色，用55号（ ）马克笔加重叶子的暗部颜色，用GG5号（ ）马克笔加重卵石的暗部颜色，用21号（ ）马克笔与492号（ ）彩铅加重花盆的暗部颜色。

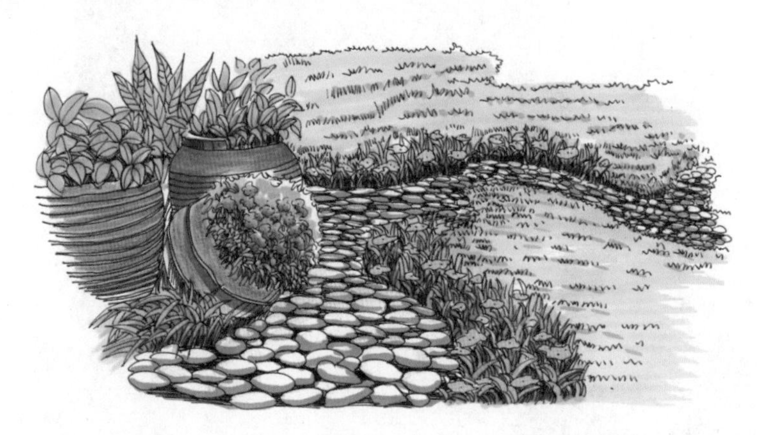

（11）用434号（ ）、453号（ ）、454号（ ）彩铅绘制背景天空的颜色，丰富画面的空间层次，注意彩铅颜色的渐变与过渡；整体调整画面，完成绘制。

5.5.2 小青砖地面

青砖是黏土烧制而成的，具有极强的黏性，由于它的透气性极强、吸水性好，可以保持空气湿度，耐磨损，可塑性较强，所以在园林景观设计中运用较多，例如地面、墙面等。

【绘制步骤】

(1)用铅笔绘制出植物与道路大概的轮廓，确定画面的构图，注意画面透视关系的表现。

（2）在铅笔稿的基础上绘制出青石砖铺装与植物的轮廓线，注意用线要肯定、流畅。

（3）用橡皮擦去画面中多余的铅笔线，保持画面的整洁。

（4）仔细绘制植物与铺装的细节，用排列的线条加重画面的暗部，确定画面的明暗关系，增强画面的空间层次，注意疏密关系的表现。

（5）用 59 号（　　）马克笔绘制植物的第一层颜色。

（6）用46号（ ）马克笔绘制植物的第二层颜色，用GG1号（ ）马克笔绘制青石板的暗部。

（7）用124号（ ）马克笔绘制草丛的亮部颜色，用GG3号（ ）马克笔加重青石板的暗部颜色。

（8）用55号（ ）、54号（ ）马克笔加重植物的暗部颜色，用167号（ ）马克笔绘制背景植物的颜色。

（9）用 46 号（ ）马克笔快速扫笔、加重草坪的颜色，用 84 号（ ）马克笔丰富画面的色彩，活跃画面的气氛；整体调整画面，完成绘制。

5.5.3 木质地板

木质地板是指用木材制成的地板，虽然它的种类较多，但是在园林景观设计中，主要采用具有较强防腐蚀性、防水性的实木地板。下面将针对木质地板的绘制进行讲解。

【绘制步骤】

（1）用铅笔绘制出铺装与周围环境大概的轮廓，确定画面的构图，注意画面透视关系的表现。

（2）在铅笔稿的基础上用勾线笔绘制木质铺装的结构线，注意用线要准确、肯定。

（3）绘制铺装周围的配景植物，注意用线要自然、流畅。

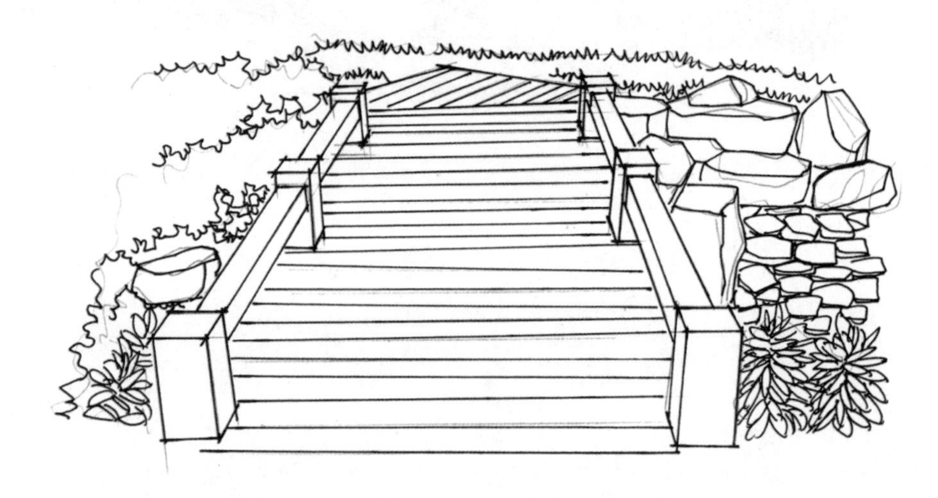

（4）用橡皮擦去画面中多余的铅笔线，保持画面的整洁。

（5）仔细绘制画面的细节，用排列的线条加重画面的暗部，确定画面的明暗关系，增强画面的空间层次，注意疏密关系的表现。

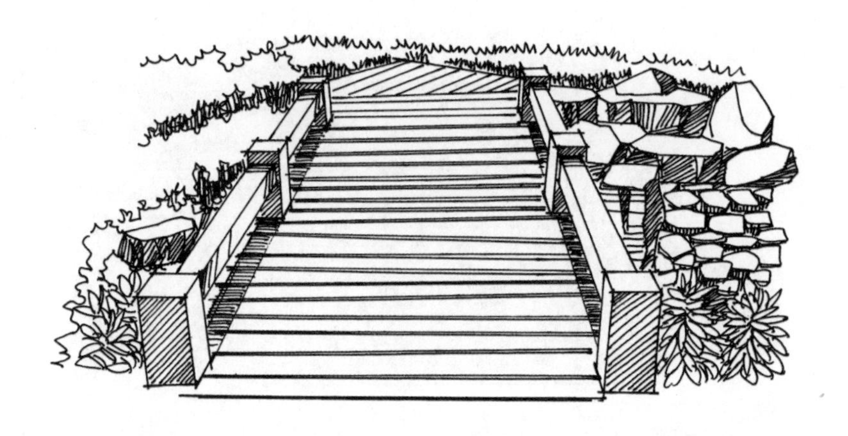

（6）用 59 号（ ）马克笔绘制植物的第一层颜色，用 103 号（ ）马克笔绘制木质铺装的第一层颜色，用 GG3 号（ ）马克笔绘制石块的第一层颜色。

（7）用 46 号（ ）马克笔绘制植物的第二层颜色，用 93 号（ ）马克笔加重木质铺装的颜色。

（8）用 34 号（ ）马克笔绘制植物与铺装的亮部颜色，用 GG5 号（ ）马克笔加重石块的暗部颜色。

（9）用 54 号（ ）马克笔加重植物的暗部颜色，用 8 号（ ）马克笔丰富画面的色彩，用 449 号（ ）、425 号（ ）彩铅绘制背景天空的颜色，加强画面的空间层次；整体调整画面，完成绘制。

5.6 天空的表现

天空是园林景观手绘不可缺少的因素之一，天空的大小决定了画面上下取景的内容。以地面为主的画面可以缩小天空的面积，绘制时采用留白的形式，这样可与地面的绘制形成鲜明的对比，突出主题；以天空为主的画面应缩小地面上物象的面积，绘制时可加强地面的刻画，这时适当细致地刻画天空的云朵，局部留白，与地面物象形成对比，可加强画面的空间感。

【绘制步骤】

（1）用铅笔绘制画面中景物大体的轮廓，确定画面的构图，注意画面透视关系的表现。

（2）在铅笔稿的基础上绘制景观植物的轮廓线，注意用线要自然、流畅。

（3）绘制近景收边部分树木的轮廓线，增强画面的空间层次感。

（4）为画面的天空添加飞鸟，丰富画面的内容，用排列的线条绘制水面的倒影，注意亮部的留白；用橡皮擦去画面中多余的铅笔线，保持画面的整洁。

（5）用 59 号（ ）马克笔绘制植物的第一层颜色，注意马克笔笔触的变化。

（6）用 179 号（ ）马克笔绘制天空与水面的第一层颜色。

（7）用 46 号（ ）马克笔绘制植物的第二层颜色，用 58 号（ ）马克笔绘制水面倒影与近景树木的颜色。

（8）用 461 号（ ）、449 号（ ）、454 号（ ）、434 号（ ）、407 号（ ）彩铅绘制天空的颜色，加强画面的空间层次，注意彩铅颜色的渐变与过渡，完成画面天空的绘制。

5.7 远山的表现

山是自然形成的高出于地面的一块高地，离地面高度通常在 100 米以上，包括低山、中山与高山。自然的远山景象，大多是许多座山连在一起形成的山脉，有着高低的起伏，姿态十分的优美。

【绘制步骤】

（1）用铅笔绘制画面中景物大体的轮廓，确定画面的构图，注意画面透视关系的表现。

（2）按照从前至后的作画原理，在铅笔稿的基础上用勾线笔绘制近景植物的轮廓线，注意叶子前后之间穿插关系的表现。

（3）绘制远景植物与远山的轮廓线，表现出植物大体的形态特征即可。

（4）绘制木质铺装与配景人物的轮廓线，注意用线要肯定、流畅。

（5）用橡皮擦去画面中多余的铅笔线，保持画面的整洁。

（6）仔细刻画画面的结构细节，用排列的线条绘制画面的暗部与水面的倒影，确定画面的明暗关系，增强画面的空间层次，注意用线要流畅。

（7）用 59 号（ ）马克笔绘制植物的第一层颜色。

（8）用 179 号（　　）马克笔绘制水面的第一层颜色，注意不要涂满。

（9）用 140 号（　　）马克笔绘制木质铺装的第一层颜色，用 GG3 号（　　）马克笔绘制远山的第一层颜色，注意马克笔笔触的变化。

（10）用46号（ ）马克笔加重近景植物的颜色，用58号（ ）马克笔加重远景植物的暗部颜色，用21号（ ）马克笔加重近景铺装的颜色。

（11）用44号（ ）、100号（ ）马克笔绘制花朵的颜色，用461号（ ）彩铅加重水面倒影的颜色，用8号（ ）、44号（ ）、58号（ ）马克笔绘制配景人物的颜色。

（12）用 GG3 号（ ）、167 号（ ）马克笔与 419 号（ ）彩铅丰富远山的颜色，用 461 号（ ）、449 号（ ）彩铅绘制远景天空，丰富画面的空间层次；整体调整画面，完成绘制。

5.8 课后练习

1. 了解园林景观中的配景元素。
2. 绘制下面图片的手绘图。

园林景观局部的设计包括景观小品和景观建筑。园林景观小品与景观建筑的内容比较丰富，在园林中起到点缀环境、活跃景色、烘托气氛、加深意境的作用。景观局部的手绘练习对提高手绘效果图的表现十分重要。

第6章 园林景观小品与建筑手绘表现

6.1 景观小品

景观小品是景观中的点睛之笔，一般体量较小、色彩单纯，对空间起点缀作用。小品既具有实用功能，又具有精神功能，包括建筑小品——雕塑、壁画、亭台、楼阁、牌坊等；生活设施小品——座椅、电话亭、邮箱、邮筒、垃圾桶等；道路设施小品——车站牌、街灯、防护栏、道路标志等。

6.1.1 雕塑

雕塑，指为美化城市或用于纪念意义而雕刻塑造的、具有一定寓意的观赏物或纪念物。雕塑是造型艺术的一种。

【绘制要点】

（1）要把握雕塑的结构特征，表现雕塑所表现的主题风格，掌握画面整体的透视关系，注意画面中雕塑前后之间的穿插关系等。

（2）雕塑的整体比例关系要把握准确，画面的色调要和谐统一。

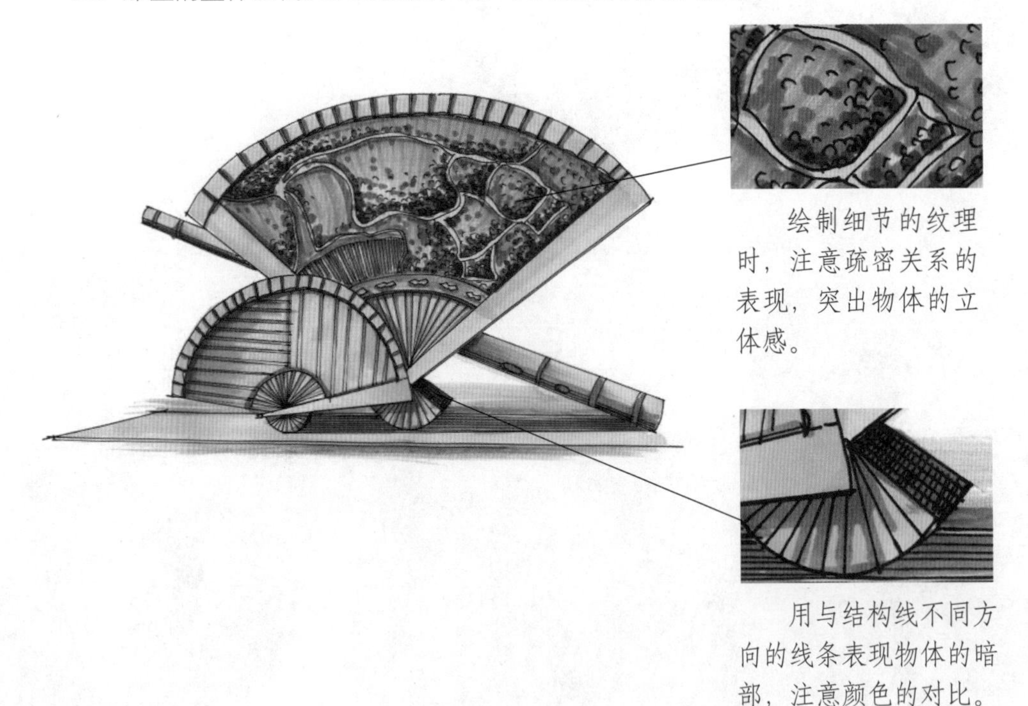

【绘制步骤】

（1）用铅笔绘制出景观雕塑大概的外形轮廓，把它看成简单的几何形体。

（2）用勾线笔在铅笔线的基础上，绘制出雕塑准确的外形轮廓线。

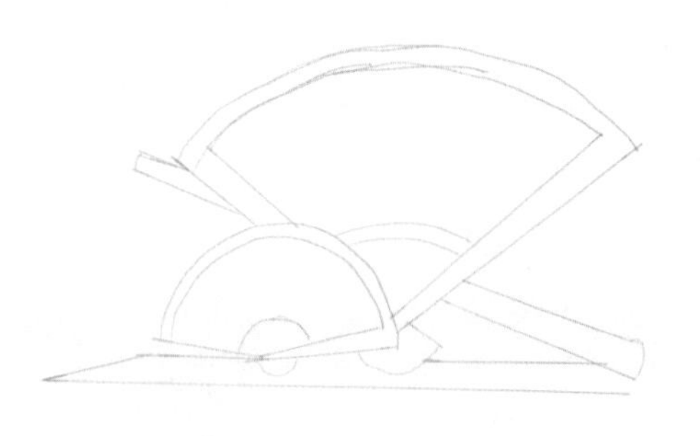

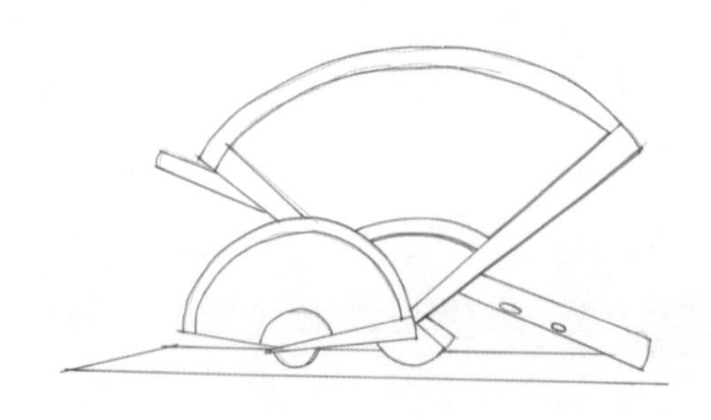

（3）刻画雕塑的结构细节，表现出物体的厚度，注意用线要肯定、流畅。

（4）仔细绘制雕塑的细节纹理、雕塑的暗部与地面阴影，加重暗部线条的颜色，注意用线要流畅。

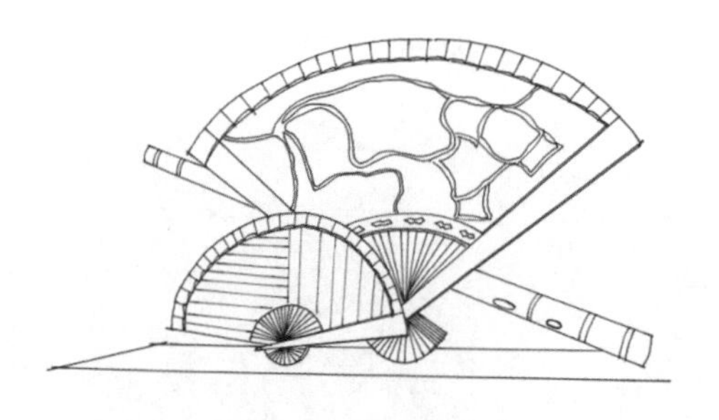

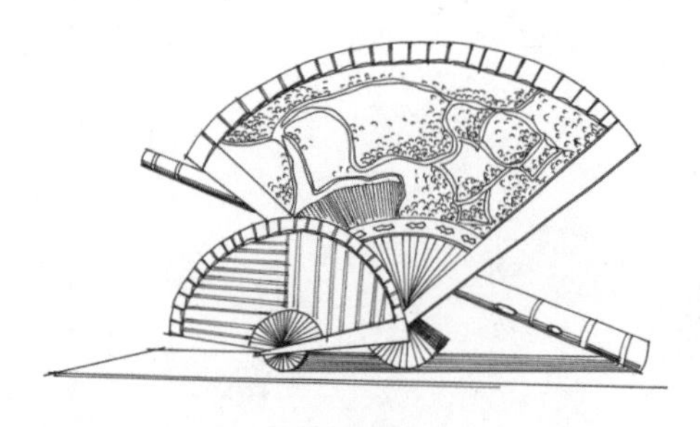

（5）用44号（ ）马克笔绘制雕塑的第一层颜色，确定物体的色调。

（6）用100号（ ）马克笔加重物体暗部的颜色，增强物体的空间立体感。

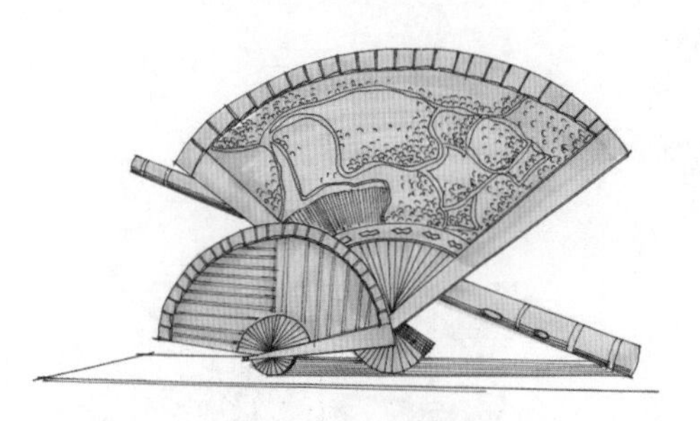

（7）用42号（ ）马克笔刻画雕塑纹理的颜色，丰富画面色彩与层次。

（8）用44号（ ）、100号（ ）、42号（ ）马克笔进一步刻画画面的色彩，整体调整画面，完成绘制。

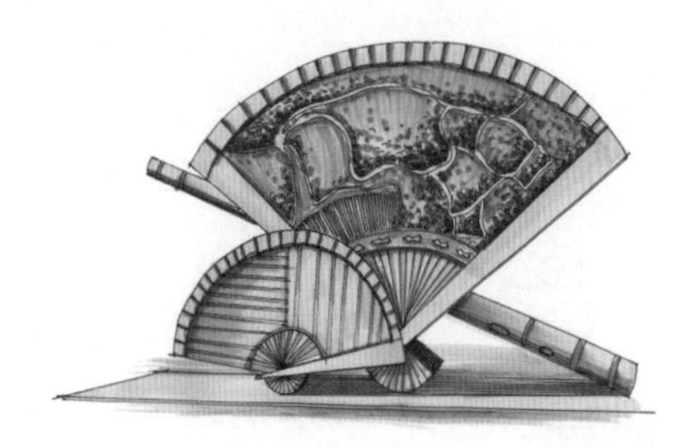

6.1.2 花架

花架是一定形状的供攀缘植物攀附的园林设施，又称棚架、绿廊。花架可作遮阴休息之用，并可点缀园景。现在的花架，有两方面的作用：一方面供人歇足休息、欣赏风景；另一方面创造攀缘植物生长的条件。

【绘制要点】

（1）要把握花架的结构特征，表现出花架的主题风格，掌握画面整体的透视关系，注意画面中花架与植物之间的穿插关系等。

（2）画面整体比例关系要准确，画面的色调要和谐统一。

（3）学会利用留白形式完善画面的构图，丰富画面的内容，并加强画面的空间层次。

绘制植物的曲线时，注意要自然流畅，用不同的颜色画出物体的黑白灰关系，注意马克笔揉笔带点的笔触。

绘制结构细节时，注意近大远小的透视关系；绘制颜色时，亮部可以采用留白，增强明暗的对比。

【绘制步骤】

（1）用铅笔绘制花架大概的外形轮廓，确定植物与花架之间的位置关系，注意画面透视关系的表现。

（2）用勾线笔在铅笔线的基础上，绘制出花架准确的外形轮廓线，注意物体前后之间的位置关系。

（3）绘制出植物的线条，表现出植物大体的形态特征即可，注意植物线条的流畅性、自然性。

（4）用橡皮擦去多余的铅笔线，保持画面的整洁。

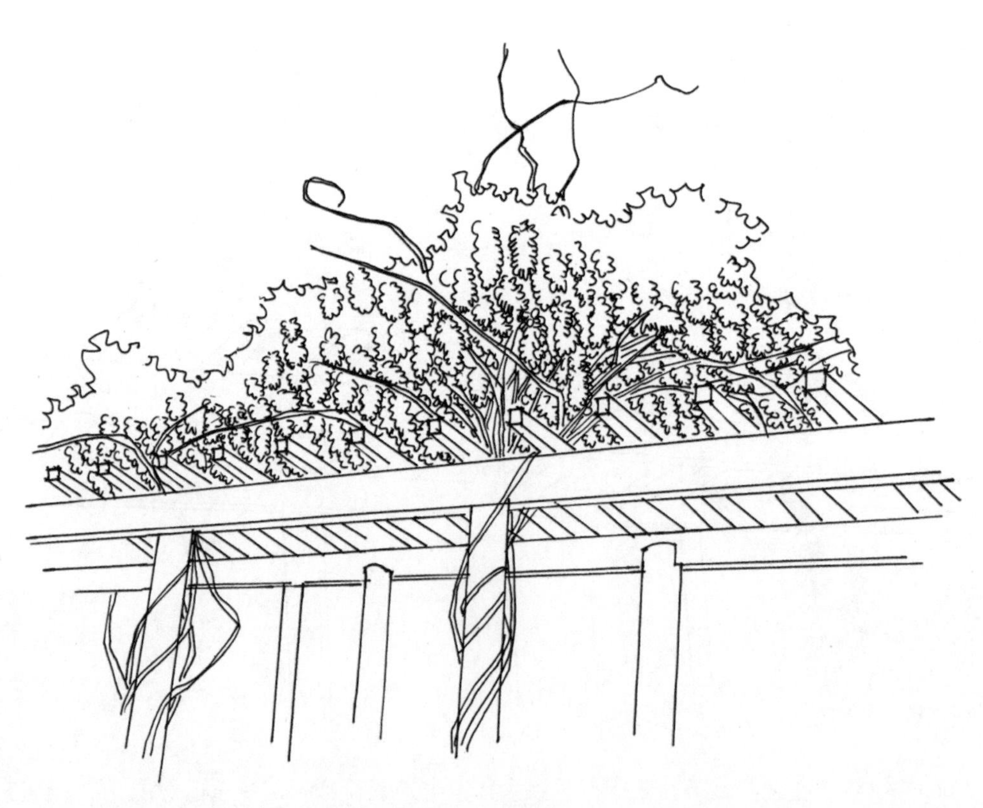

（5）绘制画面的暗部，给画面添加阴影，确定画面的明暗关系。

（6）用 59 号（ ）马克笔绘制植物叶子的第一层颜色，注意马克笔平涂笔触的运用。

（7）用 46 号（ ）马克笔绘制植物叶子的第二层颜色，用 147 号（ ）马克笔绘制花束的第一层颜色，用 84 号（ ）马克笔绘制花束的第二层颜色。

（8）用 139 号（ ）马克笔绘制花束的亮部，用 83 号（ ）马克笔加重花束的暗部，丰富花束的颜色并增强花束的立体感；用 55 号（ ）马克笔加重叶子的暗部颜色，增强画面的空间立体感。

（9）用 WG2 号（ ）马克笔绘制花藤的亮部，用 WG6 号（ ）马克笔加重花藤的暗部颜色。

（10）用 139 号（ ）马克笔绘制花架的暗部颜色，用 WG2 号（ ）马克笔加重花架的暗部颜色。

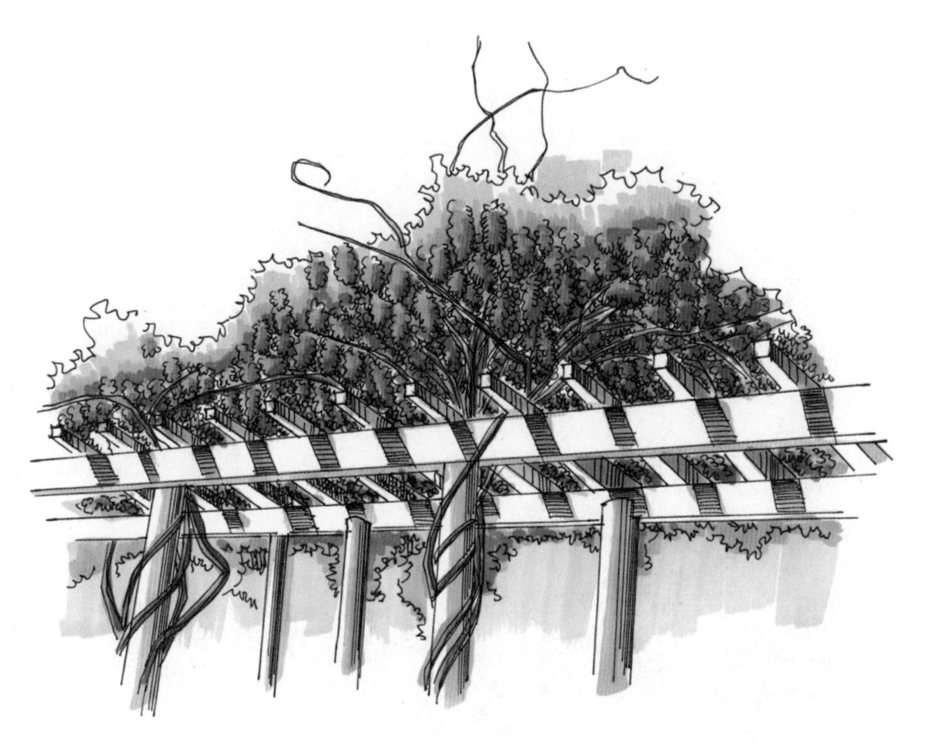

（11）用 185 号（ ）马克笔绘制天空的颜色，用 451 号（ ）、434 号（ ）彩铅丰富天空的颜色，注意彩铅的笔触。仔细刻画画面的细节，整体调整，完成绘制。

6.1.3 景墙

景墙是园林建筑中常见的小品，其形式不拘一格，功能因需而设，材料丰富多样。景墙除了在园林中作障景、漏景以及背景外，很多城市更是把景墙作为城市文化建设、改善市容市貌的重要方式。

【绘制要点】

（1）要把握景墙的结构特征，表现出景墙的主题风格，掌握画面整体的透视关系，注意画面中前后物体之间的穿插关系等。

（2）整体比例关系要准确，画面的色调要和谐统一。

（3）学会利用留白形式完善画面的构图，丰富画面的内容，并加强画面的空间层次。

绘制画面细节时，注意物体近大远小的透视关系。

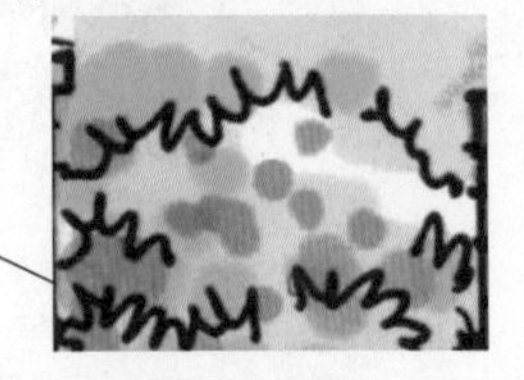

在绿色植物中加入适当的对比色（红色），活跃画面的气氛。

【绘制步骤】

（1）用铅笔绘制景墙大概的外形轮廓，确定植物与景墙之间的位置关系，注意画面透视关系的表现。

（2）用勾线笔在铅笔线的基础上，绘制出景墙与植物的外形轮廓线，注意物体前后之间的位置关系。

（3）用橡皮擦去画面中多余的铅笔线，保持画面的整洁。

（4）仔细绘制景墙与地面的细节纹理、植物的暗部与阴影，加重暗部线条的颜色，注意用线要流畅。

（5）用 139 号（ ）、44 号（ ）、BG3 号（ ）马克笔绘制景墙与地面的第一层颜色。

（6）用 167 号（ ）马克笔绘制植物的第一层颜色，用 58 号（ ）马克笔绘制植物的第二层颜色。

（7）用65号（ ）马克笔加重植物的暗部颜色，用8号（ ）马克笔丰富植物的颜色，活跃画面的气氛；用76号（ ）马克笔绘制流水的颜色。

（8）用100号（ ）、21号（ ）马克笔加重景墙的暗部颜色，用BG5号（ ）马克笔加重花盆的暗部颜色，用70号（ ）马克笔加重水面的暗部颜色。

（9）用449号（ ）、454号（ ）、434号（ ）彩铅绘制画面的天空；整体调整画面，完成绘制。

6.1.4 木质园椅

园椅是园林景观中必备的设施，供游人就座休息、促膝谈心和观赏风景，同时还具有组织风景和点缀风景的作用。园椅的造型多种多样，可以根据其功能与周围的环境来确定。园椅的设计一般都比较舒适美观，坚固耐用，构造简单，易清洁，色彩风格与周围环境相协调。

范例一

【绘制要点】

（1）要把握木质园椅的结构特征，表现园椅的主题风格，掌握画面整体的透视关系，注意画面中前后物体之间的穿插关系等。

（2）整体比例关系要准确，画面的色调要和谐统一。

（3）学会利用彩铅绘制背景天空，丰富画面的内容，并加强画面的空间层次。

用马克笔竖向的笔触绘制桌面，注意颜色不要涂得太死。

绘制植物的叶子时，注意前后之间的穿插关系。

【绘制步骤】

(1)用铅笔绘制底稿,勾画出植物与园椅大概的外形轮廓,注意画面的构图与透视关系。

（2）在铅笔稿的基础上，用勾线笔勾画出园椅与桌椅准确的外形轮廓线，注意用线要肯定、流畅。

（3）用勾线笔继续绘制配景植物，表现出植物大体的结构特征即可，注意叶子与花朵的疏密关系。

（4）绘制地面地板的结构线，注意透视关系的表现；用橡皮擦去画面中多余的铅笔线，保持画面的整洁。

(5)仔细绘制园椅、地面与植物的暗部与阴影，加重暗部线条的颜色，注意用线要流畅。

（6）用 59 号（ ）马克笔绘制植物叶子的第一层颜色，用 147 号（ ）马克笔绘制花束的第一层颜色，注意可以采用马克笔的揉笔笔触。

（7）用 103 号（ ）马克笔绘制木质园椅与桌子的第一层颜色，注意采用马克笔平涂的笔触；用 140 号（ ）马克笔绘制地板的第一层颜色。

（8）用 84 号（ ）马克笔绘制花束的暗部颜色，用 85 号（ ）马克笔加重花束的暗部颜色，增强花束的立体感；用 46 号（ ）马克笔绘制植物叶子的第二层颜色，用 55 号（ ）马克笔加重叶子的暗部颜色。

（9）用 93 号（ ）马克笔加重园椅与桌子的暗部颜色，确定画面大体的明暗关系，用 492 号（ ）彩铅加重地板的颜色，注意彩铅的笔触。

（10）用 144 号（ ）、67 号（ ）马克笔绘制水面的颜色，注意马克笔颜色的过渡。

（11）用 449 号（ ）、454 号（ ）、407 号（ ）、425 号（ ）彩铅丰富背景天空的颜色，注意颜色的渐变与过渡。细刻画画面的细节，整体调整画面，完成绘制。

范例二

【绘制要点】

（1）要把握木质园椅的结构特征，表现园椅的主题风格，掌握画面整体的透视关系，注意画面中前后物体之间的穿插关系等。

（2）整体比例关系要准确，画面的色调要和谐统一。

（3）学会利用彩铅绘制背景天空，丰富画面的内容，并加强画面的空间层次。

绘制植物的叶子时，注意前后之间的穿插关系。

刻画细节时，注意物体近大远小的透视关系。

【绘制步骤】

（1）用铅笔绘制底稿，勾画出植物与园椅大概的外形轮廓，注意画面的构图与透视关系。

（2）用勾线笔在铅笔线的基础上，绘制出木质园椅准确的外形轮廓线。

（3）按照从左至右的作画原理，用勾线笔在铅笔线的基础上绘制画面左边的植物，注意表现出不同植物的结构特征。

（4）向右绘制植物，注意植物之间前后穿插的位置关系。

（5）用橡皮擦去画面中多余的铅笔线，保持画面的整洁。

（6）仔细绘制植物与园椅的结构细节，用排列的线条加重画面的暗部，确定画面的明暗关系；给画面添加阴影，加重暗部线条的颜色，增强画面的空间层次，注意用线要流畅。

（7）根据马克笔的上色原理，先绘制浅色，用 59 号（ ）马克笔绘制植物叶子的第一层颜色，用 147 号（ ）马克笔绘制花束的第一层颜色。

（8）用 46 号（ ）马克笔绘制植物叶子的第二层颜色，用 84 号（ ）马克笔绘制花束的第二层颜色。

（9）用 34 号（ ）马克笔绘制植物的亮部，用 55 号（ ）马克笔加重植物叶子的暗部颜色，用 85 号（ ）马克笔加重花束的暗部颜色，增强画面的空间立体感。

（10）用 103 号（　）马克笔绘制木质园椅的第一层颜色，注意可以采用马克笔平涂的笔触；用 GG3 号（　）马克笔绘制地面石块的颜色。

（11）用 93 号（　）马克笔加重园椅的暗部颜色，用 163 号（　）马克笔绘制画面的背景颜色。

（12）用 54 号（ ）马克笔加重前面植物的暗部颜色，增强明暗关系的对比；用 461 号（ ）、434 号（ ）彩铅丰富画面的背景颜色，丰富画面的内容；整体调整画面，完成绘制。

6.1.5 石凳

石凳也是园林景观中必备的设施，供游人就座休息、促膝谈心和观赏风景，同时还具有组织风景和点缀风景的作用。石凳的设计一般都比较坚固耐用，构造简单，与周围环境相协调。

【绘制要点】

（1）要把握石凳的结构特征，表现中式的主题风格，掌握画面整体的透视关系，注意画面中前后物体之间的穿插关系等。

（2）整体比例关系要准确，画面的色调要和谐统一。

（3）学会利用留白形式完善画面的构图，丰富画面的内容，并加强画面的空间层次。

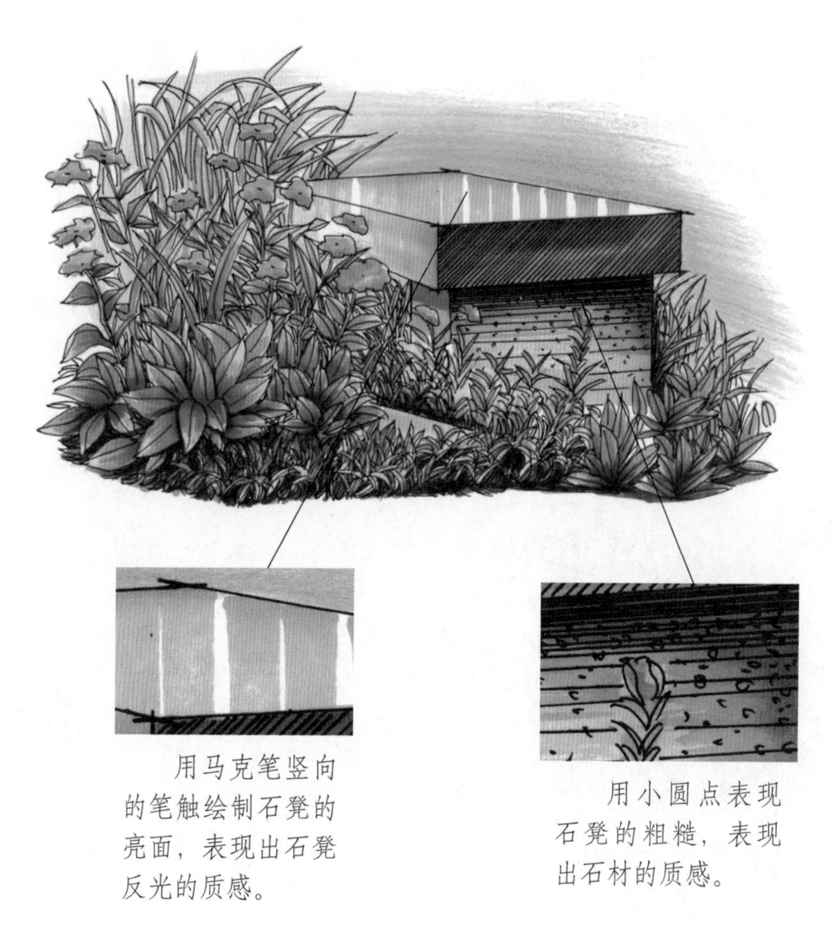

【绘制步骤】

（1）用铅笔绘制石凳与植物大概的外形轮廓，确定植物与石凳之间的位置关系，注意画面透视关系的表现。

（2）按照从左至右、从前至后的作画原理，用勾线笔在铅笔线的基础上绘制画面左边与前面的植物，注意表现出不同植物的结构特征。

（3）用勾线笔在铅笔线的基础上，绘制出石凳准确的外形轮廓线，注意用线要肯定、流畅。

（4）用橡皮擦去画面中多余的铅笔线，保持画面的整洁。

（5）仔细绘制植物与石凳的结构细节，用排列的线条加重画面的暗部，确定画面的明暗关系；给画面添加阴影，增强画面的空间层次，注意用线要流畅。

（6）用59号（ ）马克笔绘制植物叶子的第一层颜色，用44号（ ）马克笔绘制花朵的第一层颜色，注意可以采用马克笔平涂的笔触。

（7）用46号（ ）马克笔绘制植物叶子的第二层颜色，用41号（ ）马克笔绘制花朵的第二层颜色，注意不要涂得太满，那样画面就会显得很死板。

（8）用 56 号（ ）、54 号（ ）马克笔加重前面植物叶子的暗部颜色，加强画面前后虚实关系的对比，增强画面的空间层次；用 147 号（ ）马克笔丰富花朵的颜色，适当的对比色可活跃画面的气氛。

（9）用 GG3 号（ ）马克笔绘制石凳的第一层颜色，注意亮部要适当地留白，笔触要轻快。

（10）用 GG5 号（ ）马克笔加重石凳的暗部颜色，增强石凳的空间立体感，注意暗部颜色的绘制也有颜色的渐变与过渡，不要画得太死，否则画面会失去通透感。

（11）用 454 号（ ）、462 号（ ）、447 号（ ）彩铅绘制画面的背景颜色，丰富画面的内容；整体调整画面，完成绘制。

6.1.6 垃圾箱

垃圾箱是存放垃圾的容器，一般是方形或长方形。现在流行一种广告型垃圾箱，普遍用于小区、公园等公共场所。

【绘制要点】

（1）要把握垃圾箱的结构特征，表现垃圾箱的材料、材质，掌握物体的透视关系等。

（2）整体比例关系要准确，物体的色调要和谐统一。

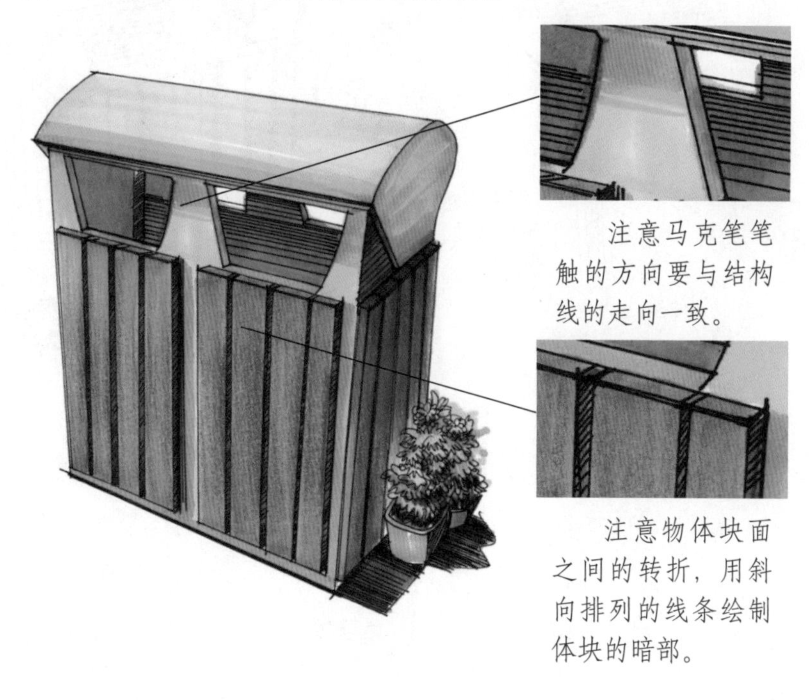

【绘制步骤】

(1) 用铅笔绘制出垃圾箱大概的外形轮廓，把它看成简单的几何形体。

(2) 用勾线笔在铅笔线的基础上，绘制出垃圾箱准确的外形轮廓线。

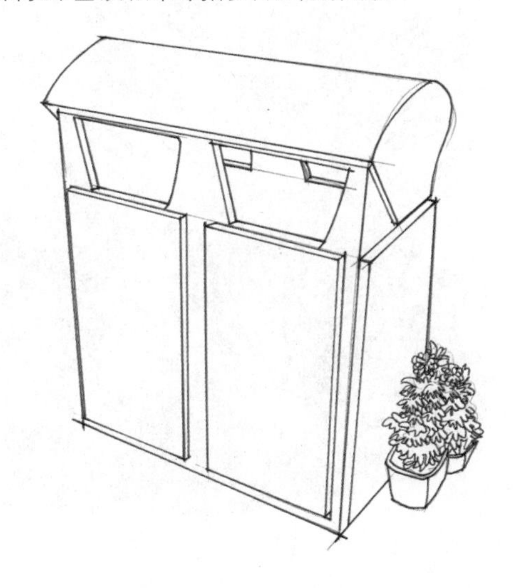

(3) 用橡皮擦去画面中多余的铅笔线，保持画面的整洁。

(4) 仔细绘制垃圾箱的细节，用排列的线条绘制暗部与地面阴影，注意线条疏密关系的表现；加重暗部结构线条的颜色，注意用线要流畅。

(5) 用 97 号 ( ) 马克笔绘制垃圾箱木质材料的第一层颜色，用 59 号 ( ) 马克笔绘制垃圾箱金属材质的第一层颜色。

(6) 用 93 号 ( ) 马克笔与 492 号 ( ) 彩铅加重木质材料的颜色，用 GG3 号 ( ) 马克笔加重垃圾箱里面的暗部颜色，用 46 号 ( ) 马克笔加重垃圾箱入口金属材质的暗部颜色。

（7）用46号（ ）马克笔加重垃圾箱金属材质的暗部颜色，用24号（ ）马克笔加重木质材质的暗部颜色，增强垃圾箱的空间立体感。

（8）用172号（ ）马克笔绘制植物叶子的第一层颜色，用35号（ ）马克笔绘制植物花朵的第一层颜色。

（9）用100号（ ）马克笔加重花朵的颜色，用46号（ ）、54号（ ）马克笔加重叶子的颜色。

（10）用GG3号（ ）马克笔绘制花盆的亮部，用GG5号（ ）马克笔绘制花盆的暗部，用140号（ ）、WG5号（ ）马克笔绘制地面的阴影；整体调整画面，完成绘制。

6.1.7 花坛

为了美化环境，园林景观设计中有许多不同的花坛，由于其装饰美化简便，随处可见。以花坛表现主题内容不同进行分类是对花坛最基本的分类方法，可分为花丛花坛、模纹花坛、标题花坛、装饰物花坛、立体造型花坛、混合花坛和造景花坛。

【绘制要点】

（1）要把握花坛的结构特征，表现花坛的主题风格，掌握物体的透视关系，注意画面中前后物体之间的穿插关系等。

（2）整体比例关系要准确，画面的色调要和谐统一。

（3）学会利用对比色丰富画面的内容，并加强画面的空间层次。

绘制花朵时，把它看成一个圆，也要注意它的透视关系表现。

绘制暗部的线条时，注意要与结构线的方向一致。

【绘制步骤】

（1）用铅笔绘制出景观花坛大概的外形轮廓，把它看成简单的几何形体。

（2）用勾线笔在铅笔线的基础上，绘制出花坛准确的外形轮廓线与植物的轮廓线。

（3）用橡皮擦去画面中多余的铅笔线，保持画面的整洁。

（4）仔细绘制植物与花坛的结构细节，用排列的线条加重画面的暗部，确定画面的明暗关系，给画面添加阴影，增强画面的空间层次，注意用线要流畅。

（5）用59号（ ）马克笔绘制叶子的第一层颜色，用46号（ ）马克笔绘制叶子的第二层颜色，用55号（ ）马克笔加重叶子暗部，增强叶子的体积感。

（6）用35号（ ）马克笔绘制花朵的第一层颜色，用34号（ ）马克笔加重花朵的颜色，用17号（ ）马克笔丰富花朵的颜色。

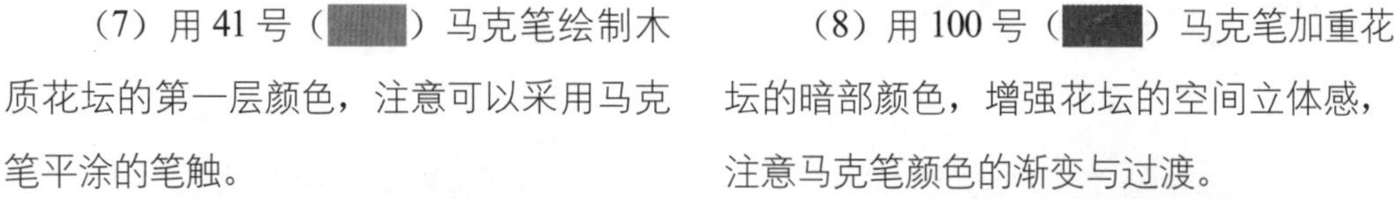

（7）用 41 号（ ）马克笔绘制木质花坛的第一层颜色，注意可以采用马克笔平涂的笔触。

（8）用 100 号（ ）马克笔加重花坛的暗部颜色，增强花坛的空间立体感，注意马克笔颜色的渐变与过渡。

（9）用 92 号（ ）马克笔进一步加重花坛的暗部，用 GG5 号（ ）马克笔绘制地面的阴影；整体调整画面，完成绘制。

6.1.8 灯具

景观灯具是现在景观设计中不可缺少的部分。景观灯具不仅本身具有较高的观赏性，还强调灯具与景区周围环境的协调统一。

【绘制要点】

（1）要把握景观灯具的结构特征，掌握物体的透视关系，注意画面中前后物体之间的位置关系等。

（2）整体比例关系要准确，画面的色调要和谐统一。

（3）学会利用留白形式加强画面的空间层次的对比。

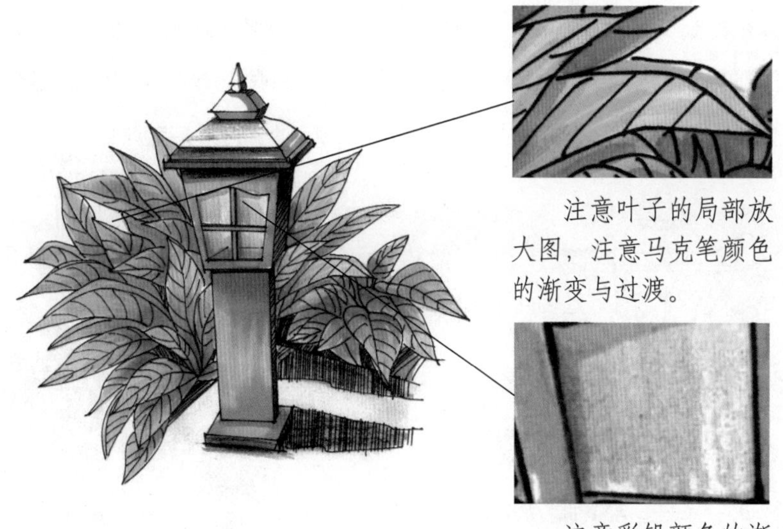

注意叶子的局部放大图，注意马克笔颜色的渐变与过渡。

注意彩铅颜色的渐变，表现出玻璃材质的质感。

【绘制步骤】

（1）用铅笔绘制出景观灯具与植物大概的外形轮廓。

（2）用勾线笔在铅笔线的基础上，绘制出景观灯具准确的外形轮廓线。

（3）用勾线笔绘制植物叶子的轮廓线。

（4）用橡皮擦去画面中多余的铅笔线，保持画面的整洁。

（5）仔细绘制灯具的结构细节，用排列的线条绘制暗部与地面阴影，注意用线要流畅。

（6）用59号（）马克笔绘制叶子的第一层颜色，用46号（）马克笔绘制叶子的第二层颜色。

（7）用CG4号（）马克笔绘制灯具的第一层颜色，用CG5号（）马克笔绘制灯具的第二层颜色，用179号（）马克笔绘制灯具玻璃材质的颜色。

（8）用35号（）马克笔绘制叶子的叶尖亮部，用56号（）马克笔加重叶子的暗部颜色，增强画面的空间层次感；用183号（）马克笔加重玻璃材质的暗部颜色。

（9）用451号（）彩铅加重玻璃的颜色，用GG1号（）马克笔绘制地面的阴影，用499号（）彩铅加重景观灯具的暗部颜色与地面阴影；整体调整画面，完成绘制。

6.1.9 栏杆

园林景观设计中常见的栏杆有木制栏杆、石栏杆、不锈钢栏杆、铸铁栏杆、铸造石栏杆、水泥栏杆、组合式栏杆等。

【绘制要点】

（1）要把握栏杆的结构特征，表现栏杆的主题风格，掌握画面整体的透视关系，注意画面中前后物体之间的穿插关系等。

（2）整体比例关系要准确，画面的色调要和谐统一。

（3）学会利用留白形式完善画面的构图，丰富画面的内容，并加强画面的空间层次。

绘制背景天空的颜色时，注意彩铅的笔触方向。

绘制结构细节时，注意物体结构关系的转折。

【绘制步骤】

（1）用铅笔绘制出栏杆大概的外形轮廓，确定植物与栏杆之间的位置关系，注意画面透视关系的表现。

（2）用勾线笔在铅笔线的基础上，绘制出栏杆准确的外形轮廓线。

（3）绘制画面中的配景植物，注意植物之间前后穿插的位置关系。

（4）用橡皮擦去画面中多余的铅笔线，保持画面的整洁。

（5）仔细绘制植物与栏杆的结构细节，用排列的线条加重画面的暗部，确定画面的明暗关系，增强画面的空间层次，注意用线要自然、流畅。

（6）用 59 号（ ）马克笔绘制植物的第一层颜色，采用马克笔揉笔与扫笔的笔触，注意不要涂得太满。

（7）用 46 号（ ）马克笔加重植物叶子的颜色，用 34 号（ ）马克笔绘制花朵的颜色。

（8）用 55 号（ ）马克笔加重植物叶子的颜色，用 100 号（ ）马克笔加重花朵的颜色，增强植物的空间立体感。

（9）用 GG3 号（ ）马克笔绘制石材栏杆的颜色，亮部可以采用留白的形式，注意马克笔颜色的渐变与过渡。

（10）用 461 号（ ）、449 号（ ）、434 号（ ）彩铅绘制背景天空的颜色，丰富画面的内容；整体调整画面，完成绘制。

6.2 景观建筑

园林景观建筑主要是供观赏休憩的各种构筑物，如亭子、走廊、门楼、平台、假山水池、喷泉水景、景观大门、小木屋等。

6.2.1 长廊

长廊是指屋檐下的过道、房屋内的通道或独立有顶的通道，包括回廊和游廊，具有遮阳、防雨、小憩等功能。长廊是建筑的组成部分，也是构成建筑外观特点和划分空间格局的重要手段。例如，围合庭院的回廊，对庭院空间的处理、体量的美化十分关键；园林中的游廊则可以划分景区，形成空间的变化，增加景深。

【绘制要点】

（1）要把握长廊的结构特征，表现长廊的主题风格，掌握画面整体的透视关系，注意画面中前后物体之间的穿插关系等。

（2）整体比例关系要准确，画面的色调要和谐统一。

（3）学会利用留白形式完善画面的构图，丰富画面的内容，并加强画面的空间层次。

屋顶局部放大图，绘制瓦片时注意疏密关系的表现。

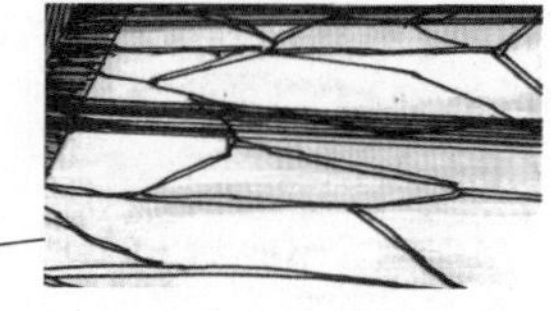

绘制地面的地砖时，就算是不规则的几何形，也要注意物体近大远小的透视关系。

【绘制步骤】

（1）用铅笔绘制长廊大概的结构轮廓，确定画面的构图，注意画面透视关系的表现。

（2）用铅笔进一步刻画长廊的细节结构，注意表现出结构体块的厚度感。

（3）在铅笔稿的基础上，用勾线笔绘制出长廊准确的结构线，注意用线要肯定、流畅。

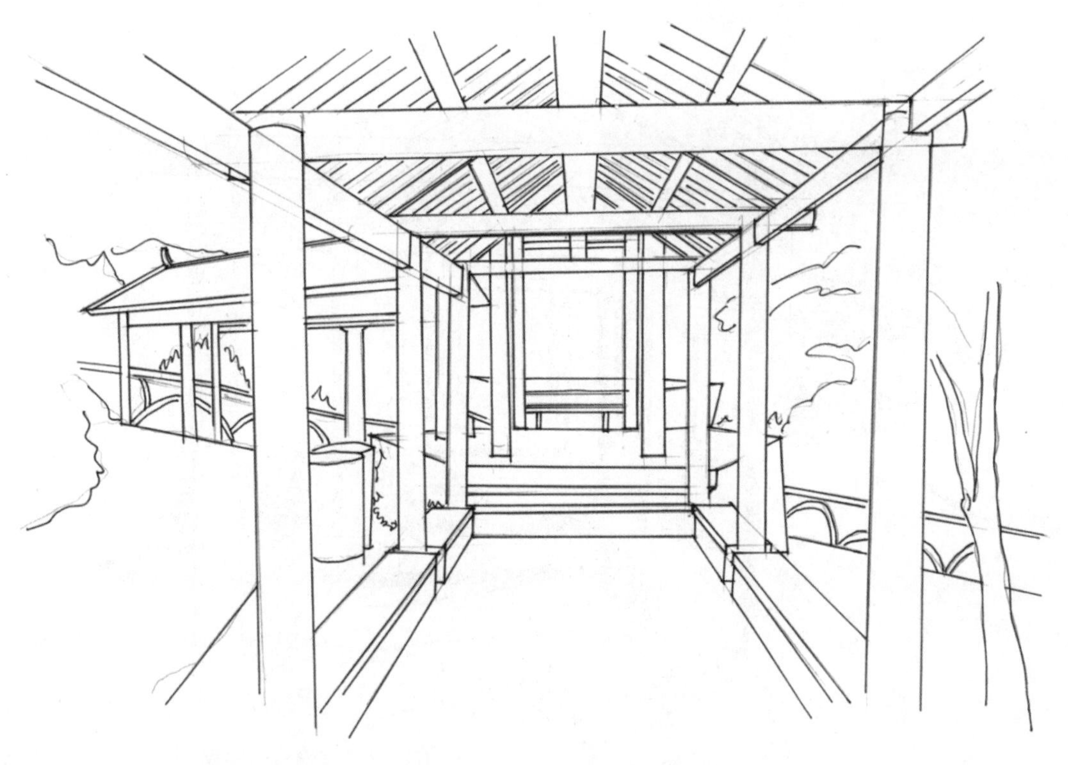

（4）用橡皮擦去画面中多余的铅笔线，保持画面的整洁。

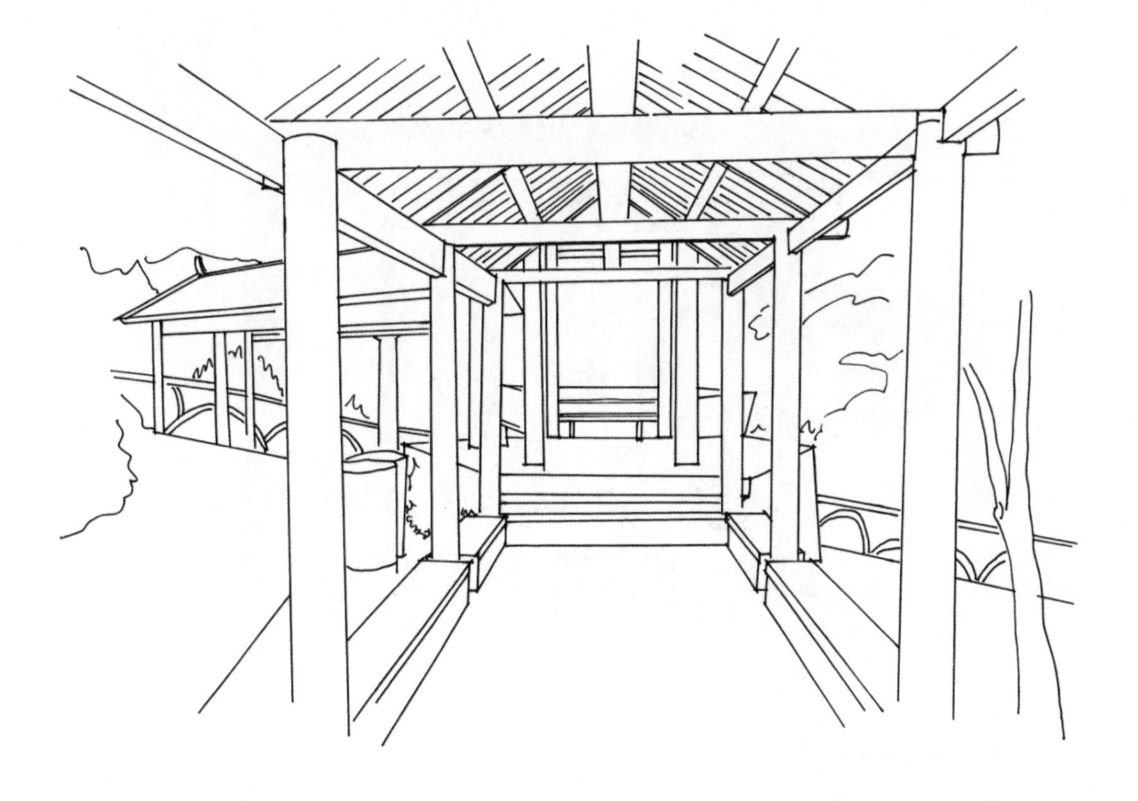

（5）仔细绘制长廊的结构细节，用排列的线条绘制画面的暗部，确定画面的大体的明暗关系，给画面添加阴影，增强画面的空间层次，注意用线要流畅。

（6）用 25 号（ ）马克笔绘制长廊木质材料的第一层颜色，用 WG3 号（ ）马克笔绘制长廊顶部的颜色。

（7）用 GG3 号（ ）马克笔绘制地面的第一层颜色，注意马克笔笔触的变化。

（8）用 8 号（ ）马克笔加重长廊木质材料的暗部颜色，用 GG5 号（ ）马克笔加重地面的暗部颜色，增强画面的空间立体感。

（9）用 172 号（ ）马克笔绘制远景植物的颜色，用 WG3 号（ ）马克笔绘制长廊旁边垃圾箱的亮部颜色，用 WG6 号（ ）马克笔绘制垃圾箱的暗部颜色，用 44 号（ ）、100 号（ ）马克笔绘制长廊下木椅的颜色。

（10）用 58 号（ ）马克笔加重远景植物的颜色，用 454 号（ ）彩铅绘制远景天空的颜色，丰富画面的空间层次，增强画面的空间进深感；整体调整画面，完成绘制。

6.2.2 凉亭

园林景观建筑设计中，修建在路旁供行人休息的小亭，因为造型轻巧，选材不拘，布设灵活而被广泛应用在园林建筑之中。

【绘制要点】

（1）要把握凉亭的结构特征，表现中式的主题风格，掌握画面整体的透视关系，注意画面中前后物体之间的穿插关系等。

（2）整体比例关系要准确，画面的色调要和谐统一。

（3）学会利用留白形式完善画面的构图，丰富画面的内容，并加强画面的空间层次。

凉亭的局部放大图，注意结构之间的穿插关系。

用斜向排列的线条绘制石块的暗部，上色时注意亮部留白，增强明暗关系的对比。

【绘制步骤】

（1）用铅笔绘制凉亭大概的外形轮廓，确定植物与凉亭之间的位置关系与画面的构图，注意画面透视关系的表现。

（2）用铅笔进一步刻画凉亭的细节结构，注意表现出结构体块的厚度感。

（3）在铅笔稿的基础上，用勾线笔绘制出凉亭的准确的结构线，接着刻画凉亭周围的环境，注意刻画凉亭时用线要准确、肯定，绘制配景植物时用线要自然、流畅。

（4）向左绘制画面中的配景植物，注意植物之间前后穿插的位置关系。

（5）用橡皮擦去画面中多余的铅笔线，保持画面的整洁。

（6）仔细绘制凉亭的结构细节，用排列的线条绘制画面的暗部与水面的阴影，确定画面的大体的明暗关系，增强画面的空间层次，注意用线要流畅。

（7）用31号（ ）马克笔绘制凉亭的第一层颜色，用100号（ ）马克笔绘制凉亭的暗部颜色。

（8）用167号（ ）、124号（ ）马克笔绘制近景植物的第一层颜色，用46号（ ）马克笔绘制近景植物的第二层颜色，用GG3号（ ）马克笔绘制石块的第一层颜色，用454号（ ）彩铅绘制水面的颜色。

（9）用167号（ ）、46号（ ）马克笔依次绘制植物的颜色，用454号（ ）彩铅绘制植物的过渡色，用147号（ ）、84号（ ）马克笔依次绘制花卉的颜色，用23号（ ）马克笔绘制花盆的颜色，用93号（ ）马克笔加重凉亭的暗部颜色。

（10）用 138 号（ ）、124 号（ ）、167 号（ ）、42 号（ ）马克笔依次绘制植物的颜色，用 58 号（ ）马克笔绘制远景植物的暗部颜色。

（11）用 48 号（ ）马克笔绘制远景树木的亮部颜色，用 454 号（ ）、462 号（ ）彩铅绘制远景植物的过渡颜色，用 WG1 号（ ）马克笔绘制树干的颜色，注意彩铅的笔触。

（12）用447号（ ）、451号（ ）彩铅绘制天空的颜色、丰富水面的颜色，注意颜色的渐变与过渡。仔细刻画画面的细节，整体调整画面，完成绘制。

6.2.3 景观大门

门，是建筑物的脸面，是一道风景，之所以成为一道风景，其奥妙不只在其本身给人的直观感受，更在于它带给人们一片无限遐想的天地。园林设计中的景观大门更是一道美丽的风景。

【绘制要点】

（1）要把握景观大门的结构特征，表现中式的主题风格，掌握画面整体的透视关系，注意画面中前后物体之间的穿插关系等。

（2）整体比例关系要准确，画面的色调要和谐统一。

（3）学会利用留白形式完善画面的构图，丰富画面的内容，并加强画面的空间层次。

用蓝色系彩铅绘制天空的颜色，颜色由轻到重绘制，注意颜色的渐变与过渡，增强画面的空间进深感。

用快速扫笔的笔触绘制草坪植物的颜色，注意亮部的适当留白。

【绘制步骤】

（1）用铅笔绘制出景观大门大概的外形轮廓，确定植物与大门的位置关系与画面的构图，注意画面透视关系的表现。

（2）用铅笔进一步刻画景观大门的细节结构，注意表现出结构体块的厚度感。

（3）在铅笔稿的基础上，用勾线笔绘制出长廊准确的结构线与植物的外形轮廓线，注意用线要肯定、流畅。

（4）用橡皮擦去画面中多余的铅笔线，保持画面的整洁。

（5）仔细绘制景观大门的结构细节，用排列的线条绘制大门的暗部，确定出大体的明暗关系，注意墙面砖块纹理的笔触，注意用线要肯定。

（6）刻画大门周围的环境，绘制出植物的暗部，增强植物的空间立体感。

（7）用 GG3 号（　　）马克笔绘制景观大门的第一层颜色，注意马克笔笔触的变化。

（8）用 48 号（ ）马克笔绘制灌木植物的第一层颜色，用 172 号（ ）马克笔绘制灌木植物的第二层颜色，用 46 号（ ）马克笔绘制灌木植物的暗部，用 172 号（ ）、46 号（ ）马克笔绘制草地的颜色。

（9）用 138 号（ ）、167 号（ ）马克笔绘制远景植物的第一层颜色，用 84 号（ ）、46 号（ ）马克笔绘制植物的第二层颜色。

（10）用124号（ ）、172号（ ）、46号（ ）马克笔依次绘制树木的颜色，用136号（ ）马克笔丰富树木亮部的颜色。

（11）用GG3号（ ）马克笔绘制大门的第二层颜色，用GG5号（ ）马克笔加重大门与地面的暗部颜色，用103号（ ）马克笔绘制树干的颜色。

（12）用454号（ ）彩铅绘制天空的颜色，注意颜色的过渡；仔细刻画画面的细节，整体调整画面，完成绘制。

6.2.4 木屋

小木屋是园林景观设计中常见的建筑，它的用材接近自然，与周围的环境融为一体。绘制时要表现木屋木材的材质效果，注意用线要自然流畅，表现木材的自然纹理。

【绘制要点】

（1）要把握木屋的结构特征，表现画面的主题风格，掌握画面整体的透视关系，注意画面中前后物体之间的穿插关系等。

（2）整体比例关系要准确，画面的色调要和谐统一。

（3）学会利用留白形式完善画面的构图，丰富画面的内容，并加强画面的空间层次。

绘制水面的线条时注意要轻柔，表现出水轻盈的动感；上色时注意颜色不要涂得太死，适当的留白表现水的透明感。

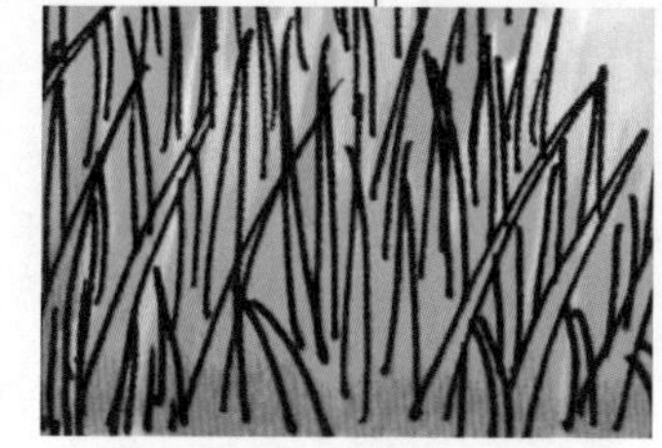

绘制近景草丛植物时，注意叶子之间的穿插关系，画出茂盛的感觉。

一般在绘制植物时，可以适当地添加对比色（红色），可以点亮画面，活跃画面的气氛。

【绘制步骤】

（1）用铅笔绘制出木屋大概的外形轮廓，确定植物与木屋的位置关系与画面的构图，注意画面透视关系的表现。

（2）用铅笔进一步刻画木屋的细节结构，注意表现出结构体块的厚度感。

（3）按照从前至后的作画原理，在铅笔稿的基础上，用勾线笔绘制近景植物，注意表现出植物的结构特征，用线要自然、流畅。

（4）向后继续绘制中景植物，注意草丛疏密与虚实关系的表现。

（5）绘制木屋与远景植物画面大体的轮廓线，注意用线要自然、流畅。

（6）用橡皮擦去画面中多余的铅笔线，保持画面的整洁。

（7）仔细绘制画面的细节，用排列自然的线条绘制水面的倒影，加重画面暗部的颜色，确定出大体的明暗关系，给画面绘制天空，增强画面的空间层次，注意用线要流畅。

（8）用 107 号（ ）马克笔绘制木屋、木桥与栅栏的第一层颜色，用 93 号（ ）马克笔加重木桥和栅栏的暗部颜色。

(9) 用48号（ ）、59号（ ）马克笔绘制植物的第一层颜色，用46号（ ）马克笔绘制植物的第二层颜色，用56号（ ）马克笔加重植物的暗部颜色，用84号（ ）马克笔丰富植物的亮部颜色。

（10）用454号（ ）彩铅绘制水面的颜色，注意颜色的渐变与过渡；用59号（ ）马克笔绘制草丛的第一层颜色，用46号（ ）马克笔绘制草丛的第二层颜色，注意马克笔扫笔笔触的运用。

（11）用 179 号（ ）、167 号（ ）马克笔绘制远景树木的第一层颜色，用 58 号（ ）马克笔绘制远景树木的第二层颜色，用 42 号（ ）马克笔绘制木屋后面树木的暗部颜色。

（12）用 BG3 号（ ）马克笔绘制石头的颜色，用 451 号（ ）、462 号（ ）彩铅绘制天空的颜色，注意颜色的渐变与过渡；整体调整画面，完成绘制。

6.3 课后练习

1. 掌握不同景观小品与景观建筑的组合。
2. 绘制景观小品与建筑的手绘图。

园林景观平面图、立面图、剖面图与鸟瞰图也是手绘表现中常绘制的表现形式，是设计方案中必须掌握的手绘表现图。

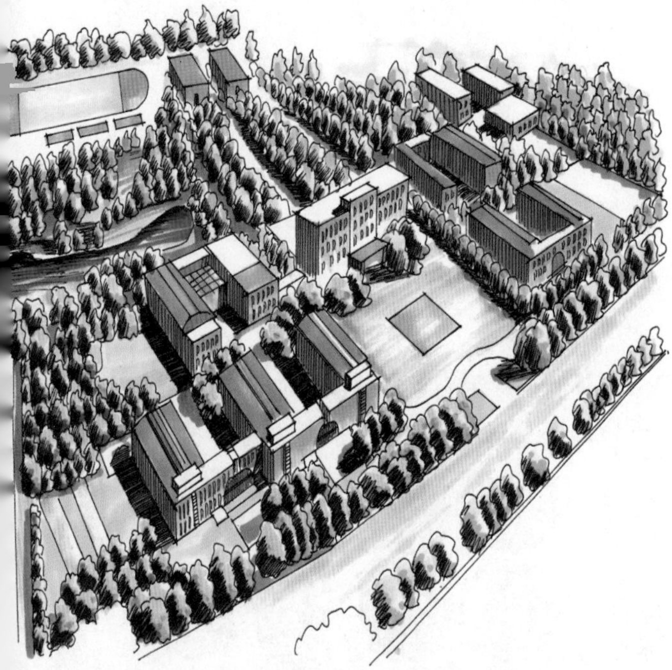

第7章 园林平面图、立面图、剖面图、鸟瞰图

7.1 平面图植物表现

植物是手绘配景中最常见的内容，作用在于烘托场景气氛，使画面更加的丰富。植物的表现具有很强的可变性，在画面中显得多变而不会单一乏味。植物的画法有很多种，主要是抓住植物的形态特征，不需要过细地描绘植物物种。普通的植物表现形式都是比较概括的，简单而含蓄。

7.1.1 树木类

在手绘的平面图中乔木多采用圆形，圆形内的线可依树种特色绘制。根据不同的表现手法，树的平面图可以分为下面几种。

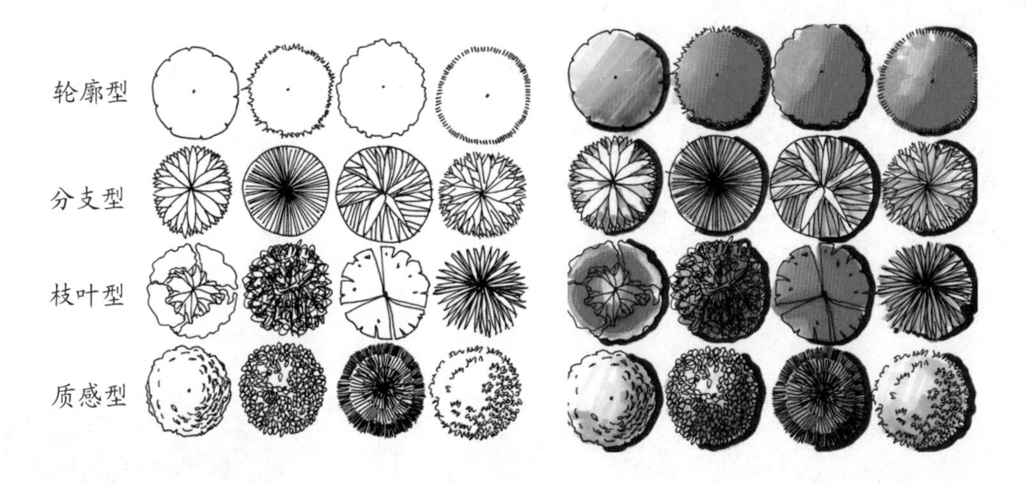

7.1.2 树阵与树群

树阵与树群的平面图表现形式一般比较自由，手绘时的效果图常以成片的表现形式出现。树阵与树群在画面中表现为一种不是很明确的内容形式，是真正意义上的点缀。

7.2 综合景观平面图表现

绘制景观平面图时，主要是把握植物、建筑景观的综合表现。平面图上色主要采用马克笔平涂的笔触，要把握画面色调的和谐。

7.2.1 休闲广场景观平面图

休闲广场一般供人们进行娱乐活动与休息，它的绿色景观设计也应具有明确的主体。绘制广场的平面图时应注意景观建筑与植物配景之间的位置关系。

【绘制步骤】

（1）用铅笔绘制底稿，画出景观广场的大小与外形轮廓，绘制周边环境，确定画面大体的构图关系，这一步不需要对细节进行太多的描绘。

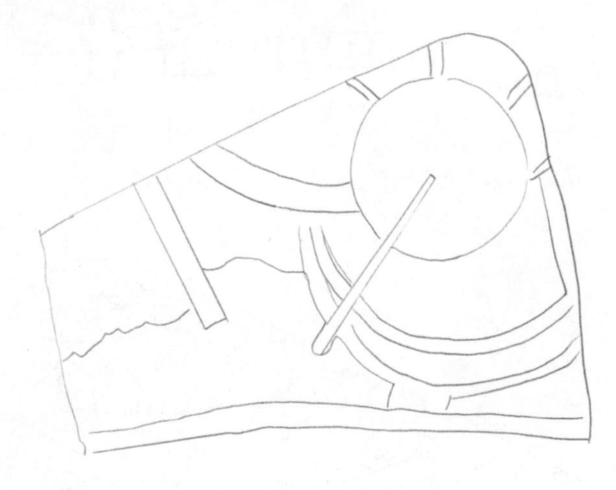

（2）用铅笔继续绘制广场的细节，确定植物的外形与位置关系。

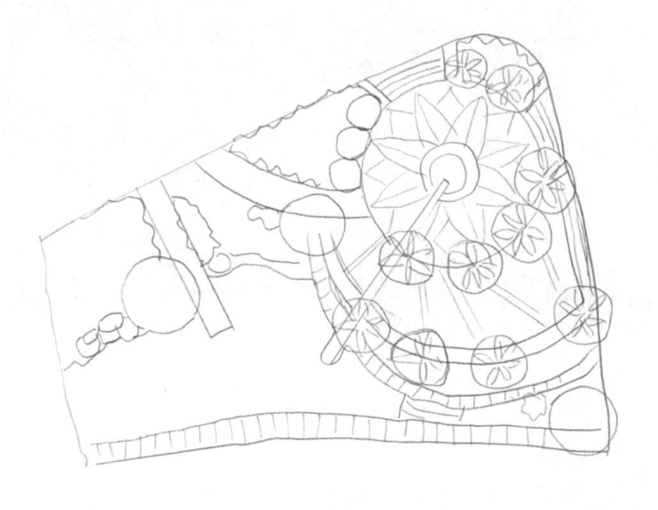

（3）用勾线笔在铅笔稿的基础上绘制广场的外形结构线，用曲线绘制配景植物，注意用线要干脆、利落。

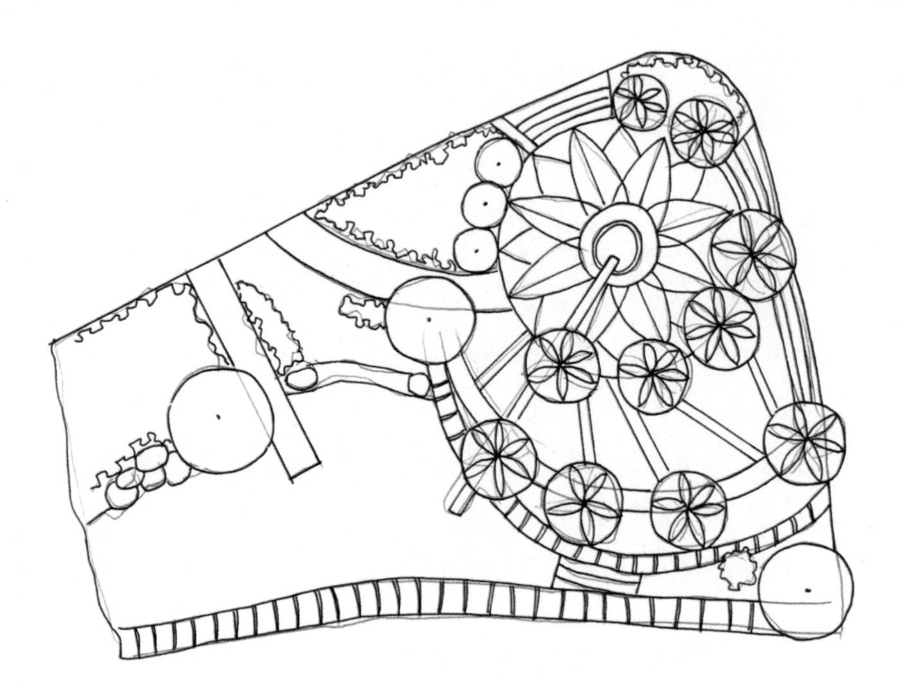

（4）用橡皮擦去画面中多余的铅笔线，保持画面的整洁。

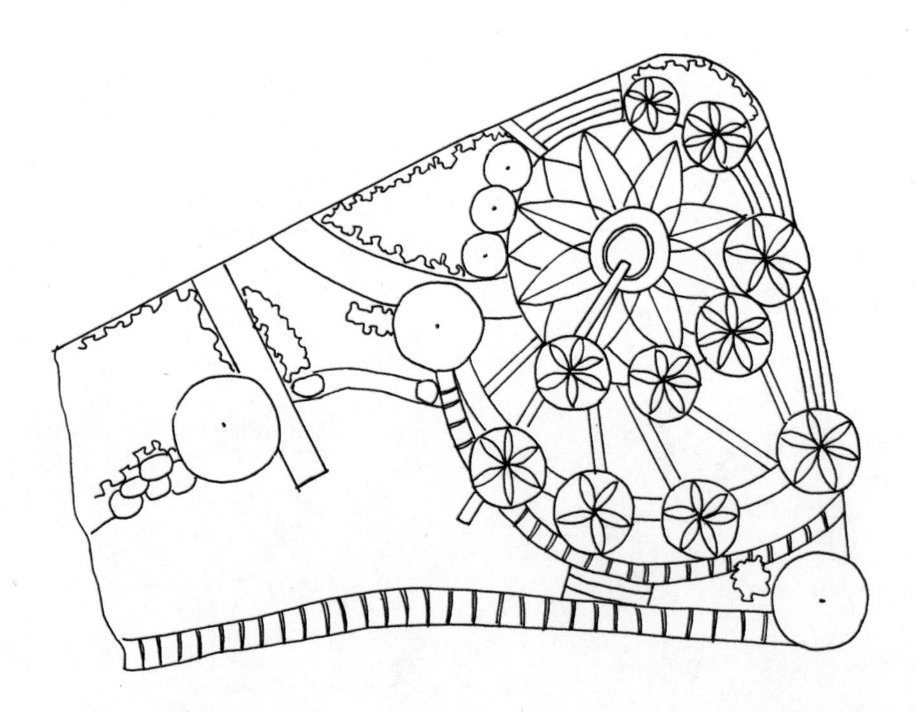

（5）用排列的线条绘制平面图的暗部，确定画面的明暗关系，平面图也要表现出一定的立体感，注意线条的排列方向。

（6）用 GG3 号（ ）、139 号（ ）、145 号（ ）、147 号（ ）、175 号（ ）马克笔绘制广场地面与铺装的颜色。

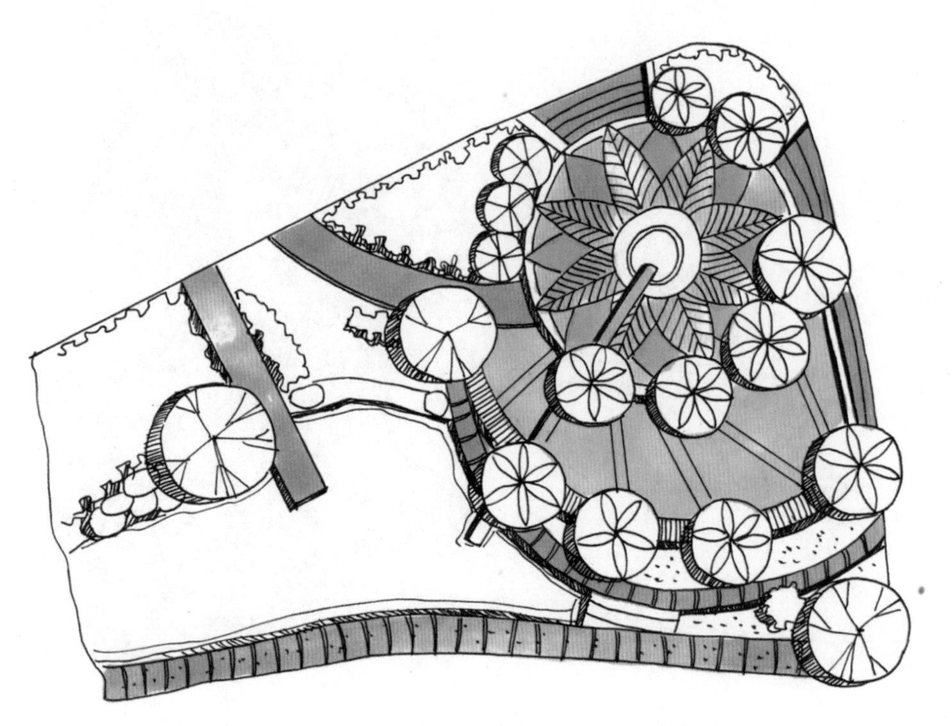

（7）用 179 号（ ）、59 号（ ）、124 号（ ）马克笔绘制植物的第一层颜色。

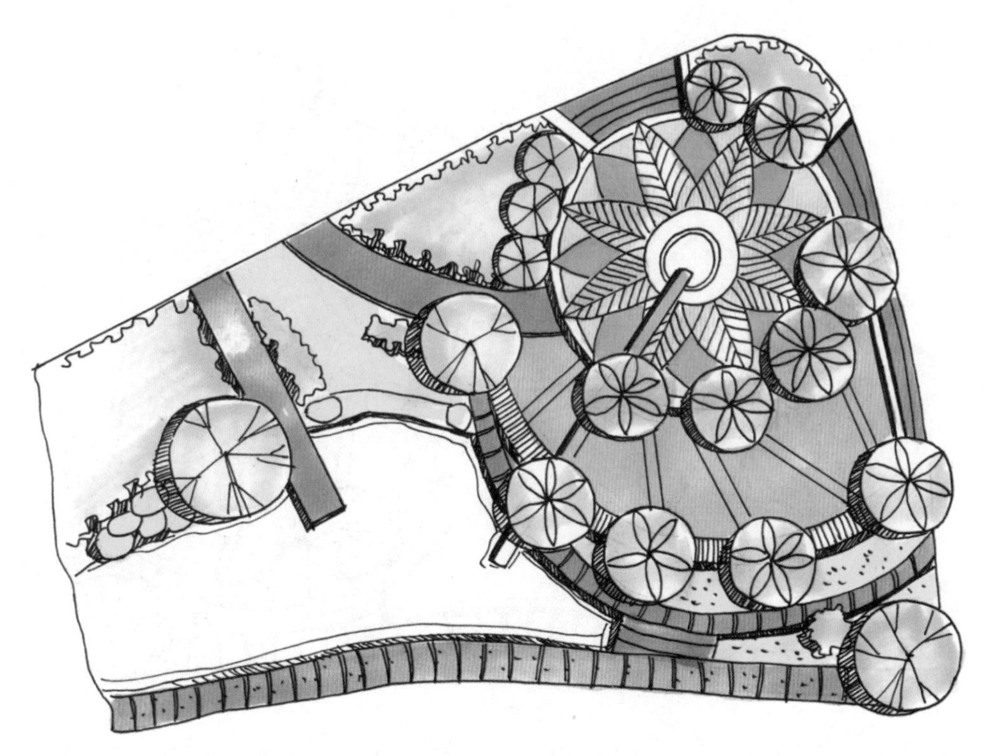

（8）用42号（ ）、46号（ ）、58号（ ）马克笔绘制植物的暗部颜色。

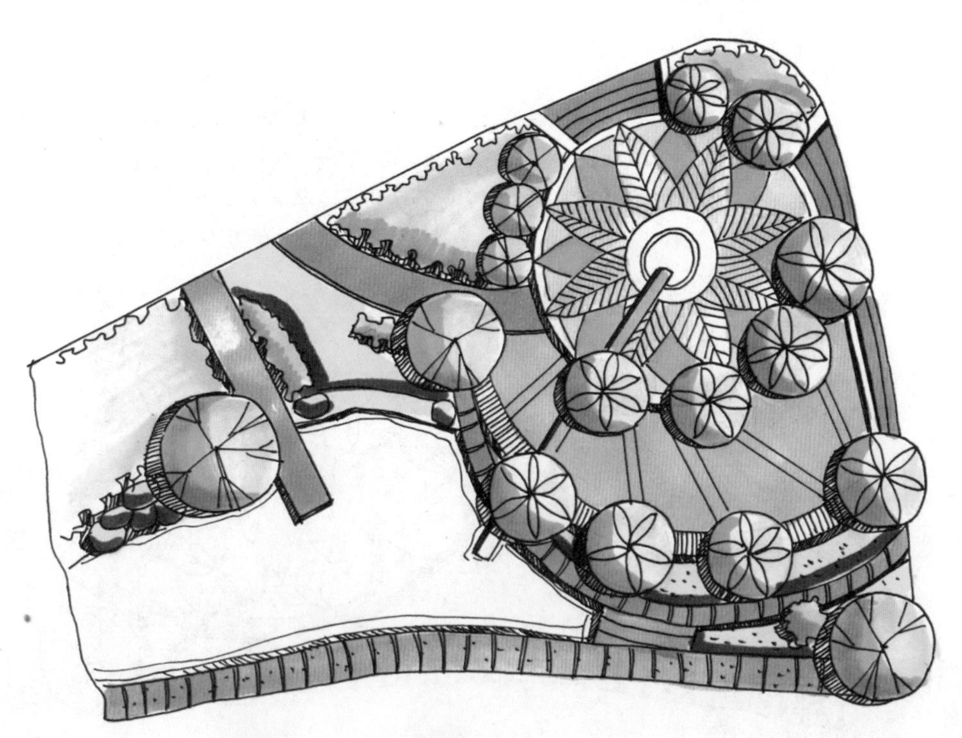

（9）用100号（ ）、21号（ ）马克笔绘制广场的地面颜色，用64号（ ）、76号（ ）、144号（ ）马克笔绘制水岸的颜色，注意颜色的过渡。

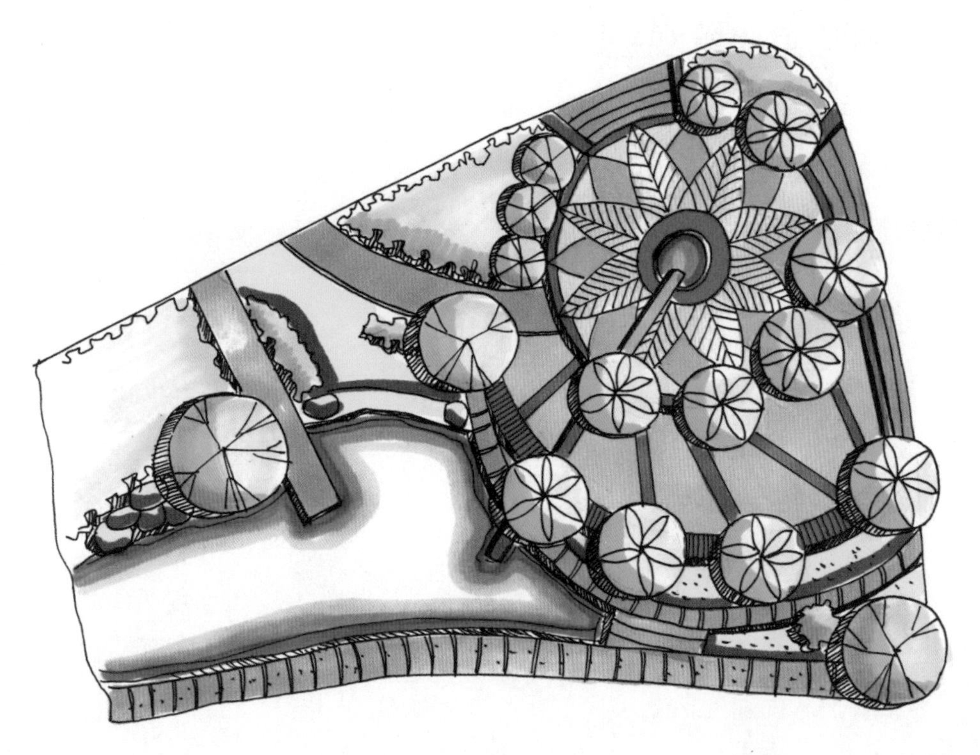

（10）用 37 号（ ）马克笔丰富植物的亮部，用 55 号（ ）、65 号（ ）马克笔加重植物的暗部颜色，用 GG5 号（ ）马克笔绘制画面的阴影颜色，完成平面图的绘制。

7.2.2 别墅庭院景观平面图

别墅景观的平面设计一般包括亭台栏栅、花园景观，加上一个私家庭院室的景观设计。注意庭院中各种花草树木与休憩观赏的场所的位置关系。

【绘制步骤】

（1）用铅笔确定别墅的外形轮廓与位置关系。

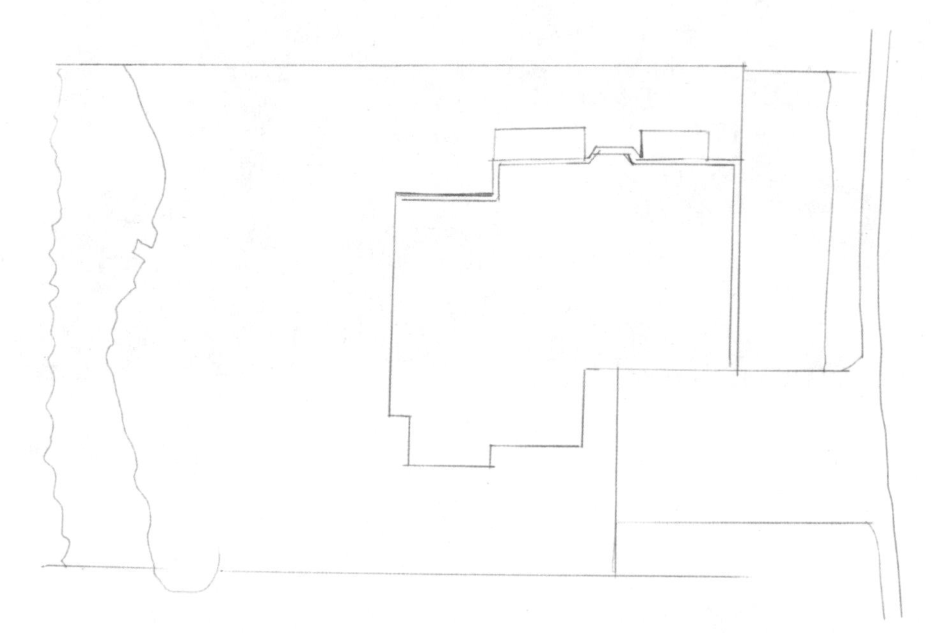

（2）用铅笔绘制植物与地面的细节纹理，注意表现出植物的类型。

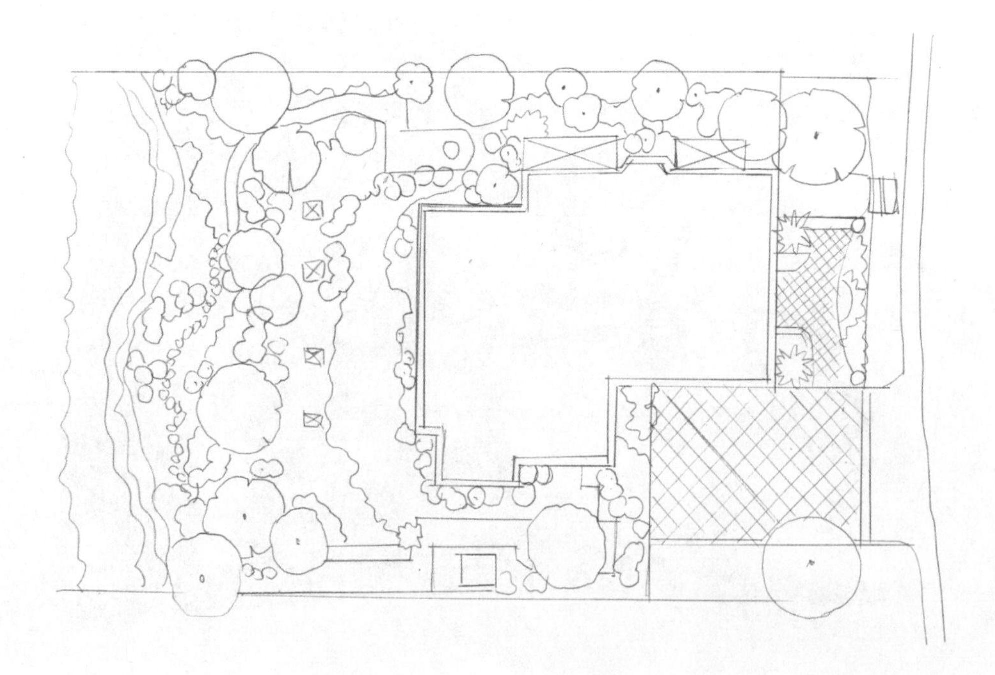

（3）用勾线笔在铅笔稿的基础上绘制建筑、植物、水面与地面的轮廓线，注意用线要自然、肯定。

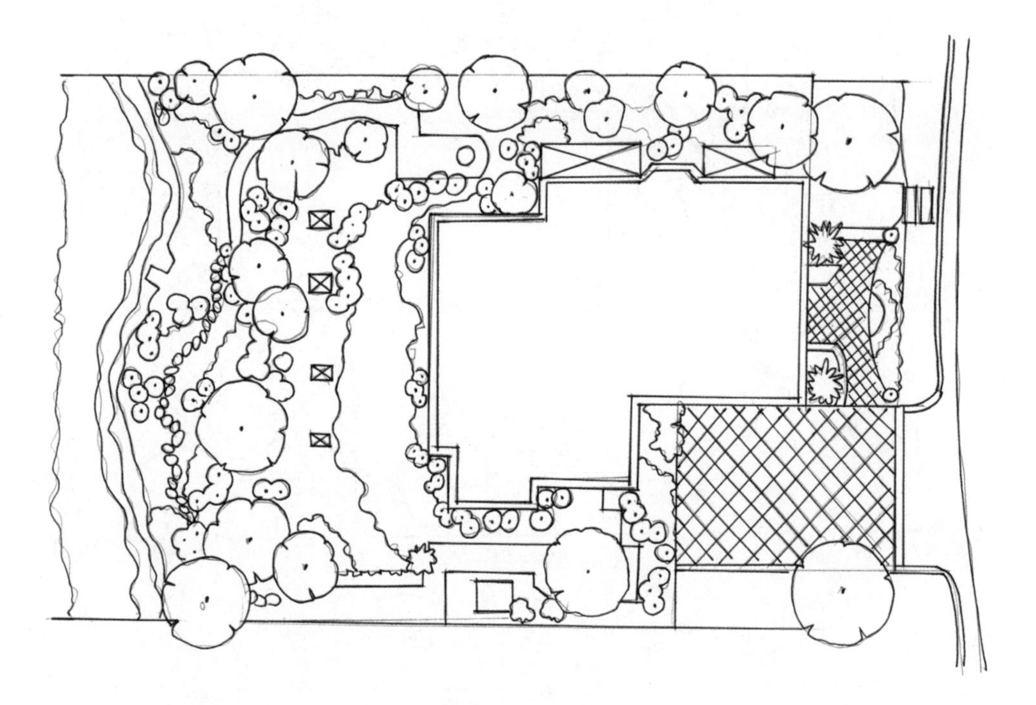

（4）用橡皮擦去画面中多余的铅笔线，保持画面的整洁。

（5）用排列的线条绘制平面图的暗部，确定画面的明暗关系，平面图也要表现出一定的立体感，注意线条的排列方向。

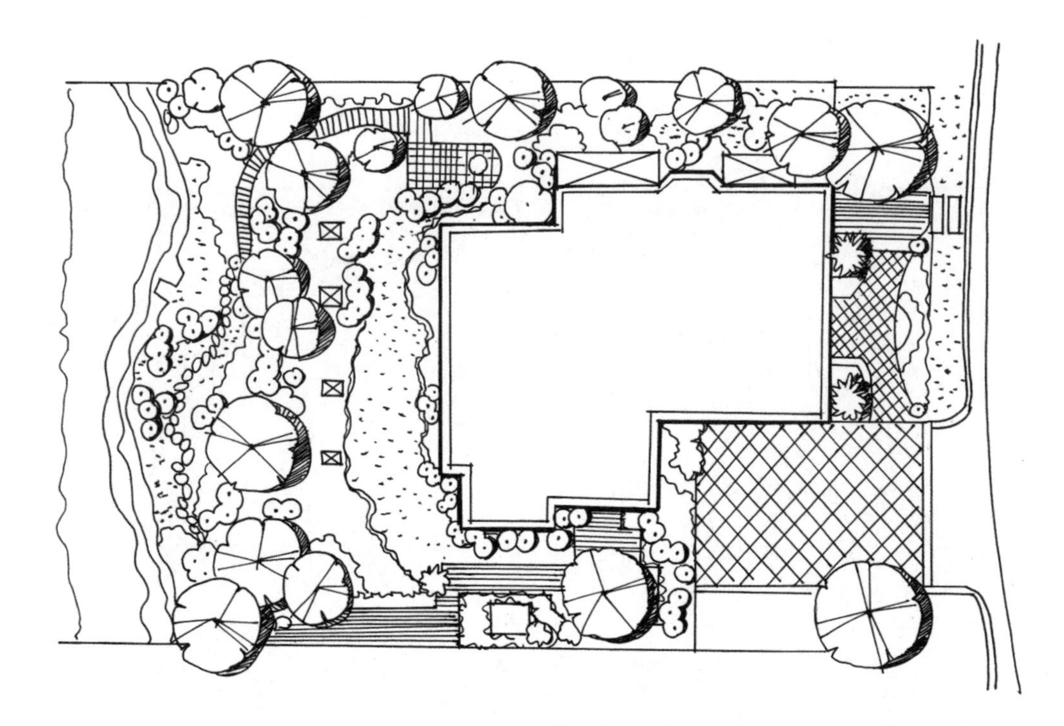

（6）用25号（ ）马克笔绘制地面的颜色，用124号（ ）马克笔绘制草坪的颜色，注意采用马克笔平涂的笔触。

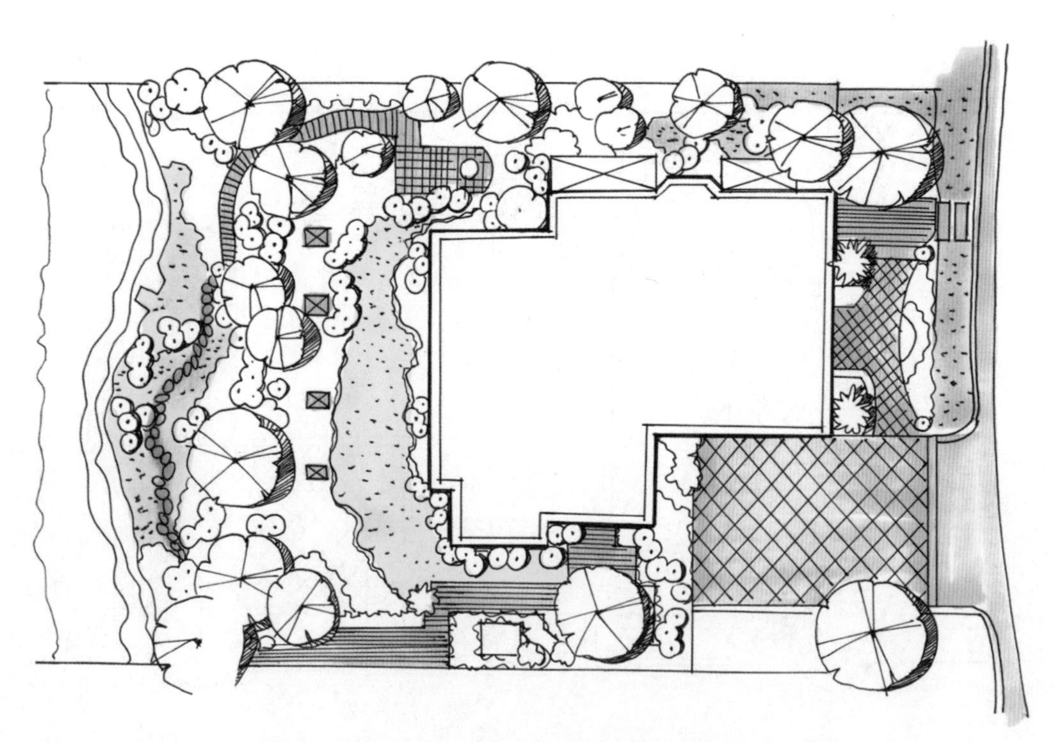

（7）用167号（ ）、46号（ ）马克笔继续绘制草坪的颜色。

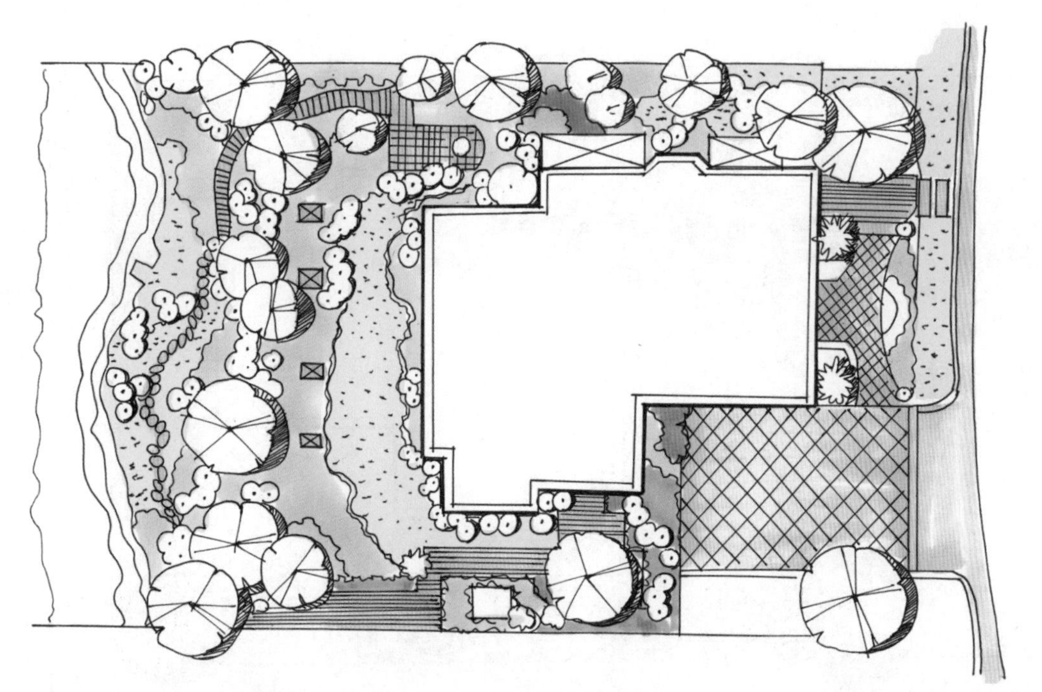

（8）用 59 号（ ）马克笔绘制植物的第一层颜色，用 58 号（ ）马克笔绘制植物暗部，用 65 号（ ）马克笔进一步加重植物暗部颜色。

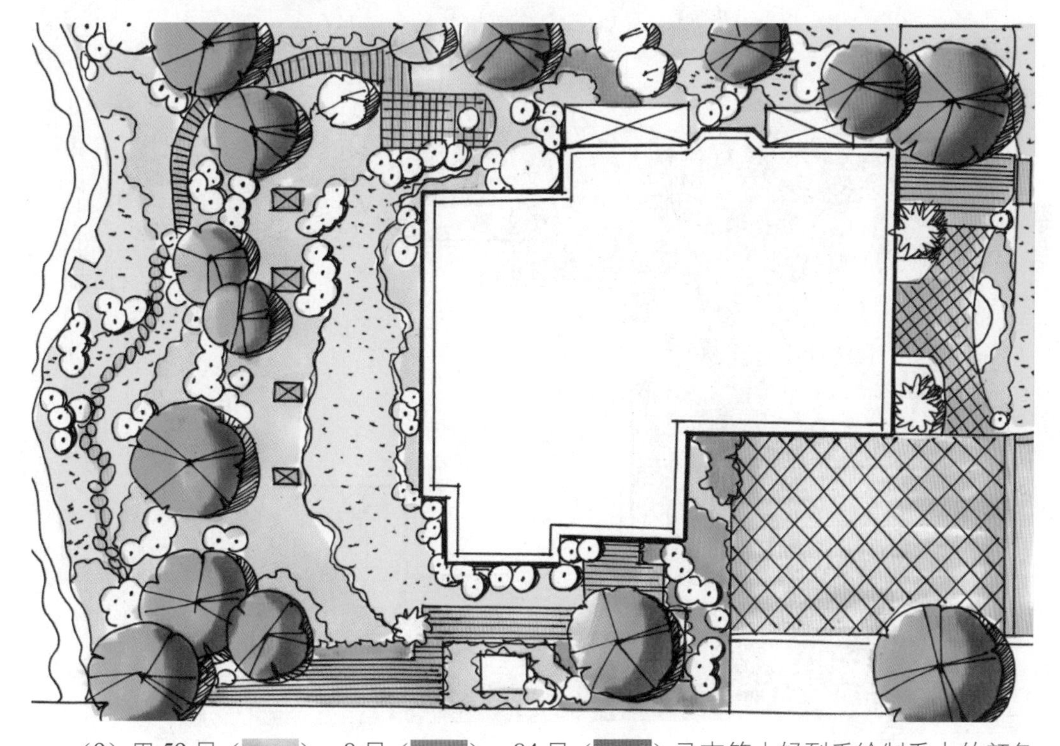

（9）用 59 号（ ）、8 号（ ）、84 号（ ）马克笔由轻到重绘制乔木的颜色，用 34 号（ ）、100 号（ ）马克笔绘制小乔木的颜色，用 46 号（ ）马克笔加重草丛的颜色。

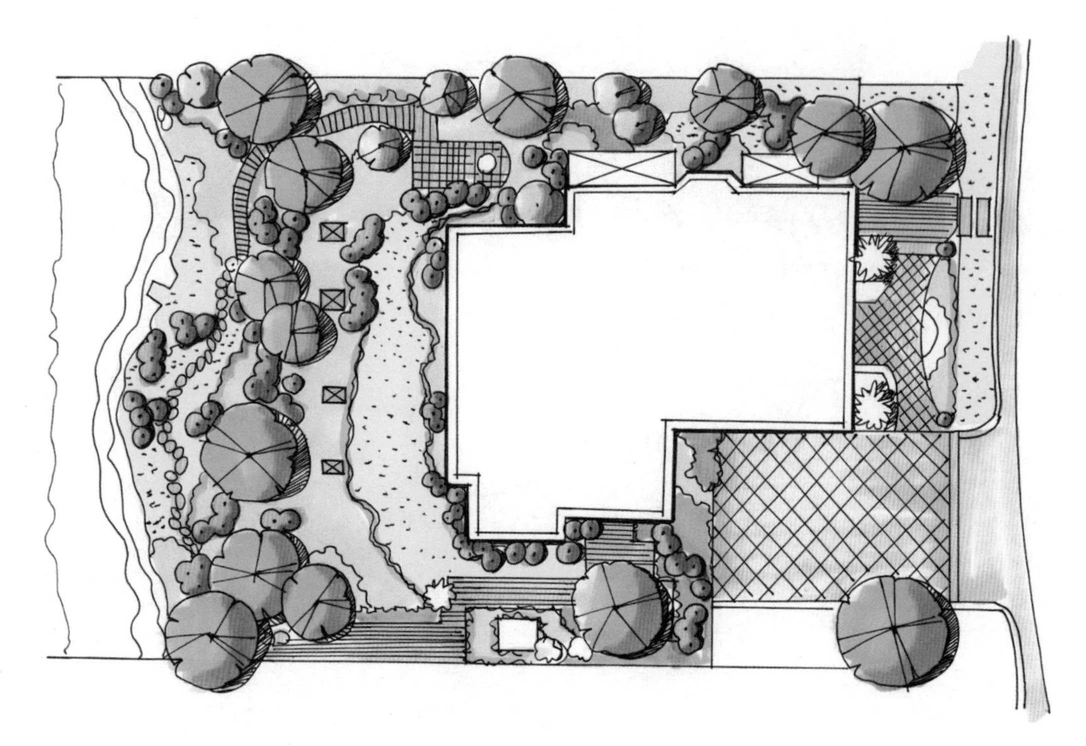

（10）用 76 号（ ）、183 号（ ）、144 号（ ）、179 号（ ）马克笔绘制水面的颜色，用 55 号（ ）马克笔绘制植物的颜色。

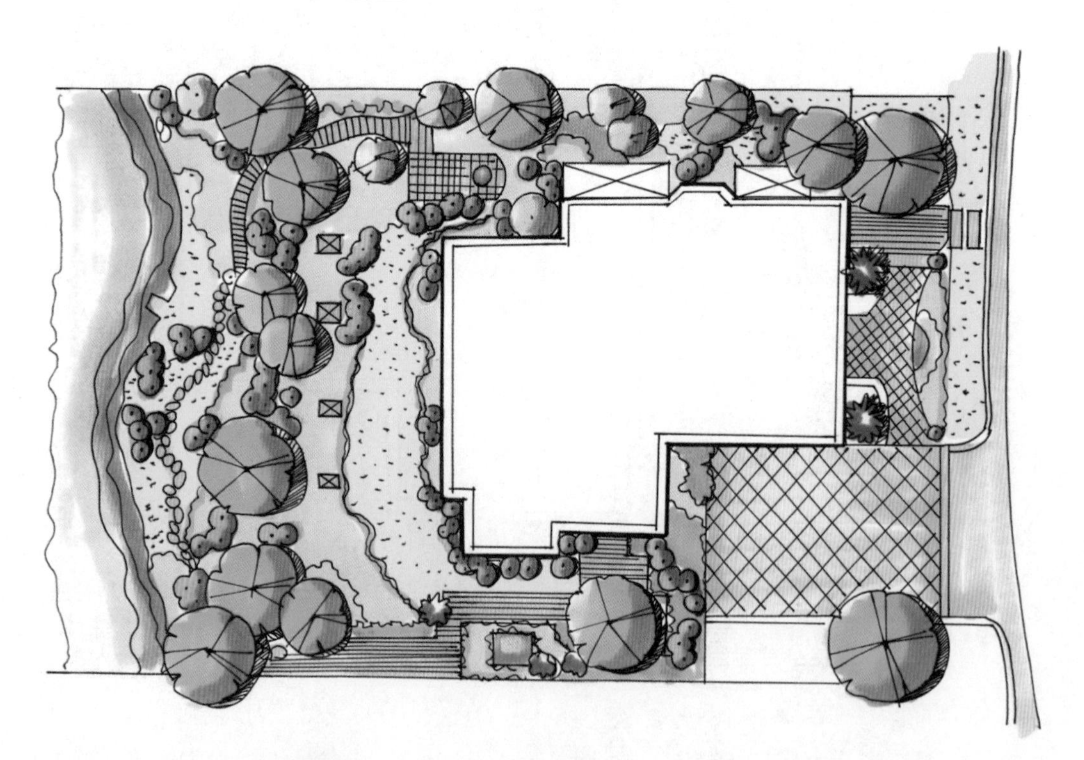

（11）用 GG5 号（ ）马克笔绘制画面的阴影，完成画面的绘制。

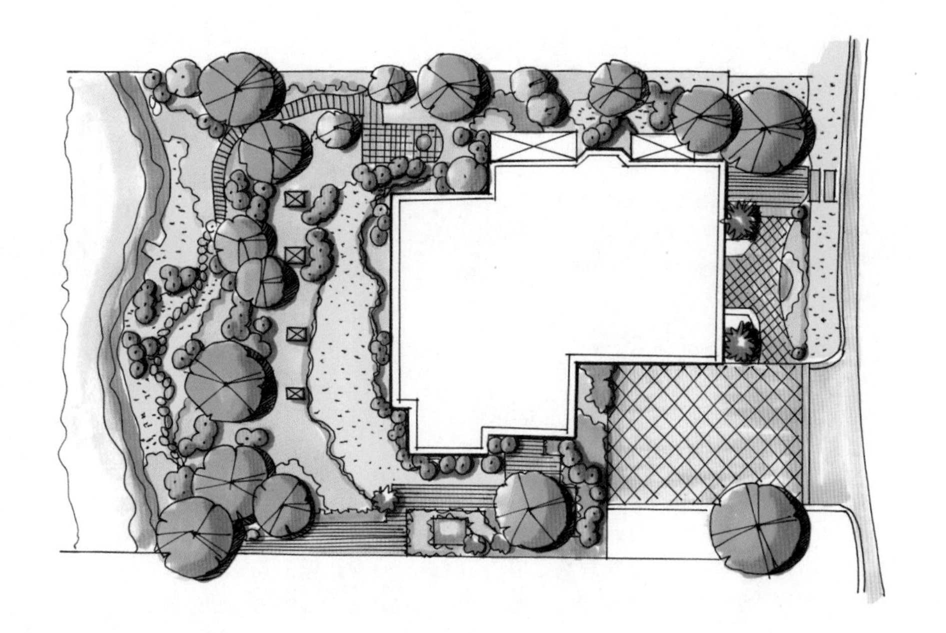

7.2.3 小区住宅景观平面图

绘制小区平面图时注意道路、建筑房屋、植物之间排列的位置与比例关系。

【绘制步骤】

（1）用铅笔绘制底稿，绘制建筑外形，确定画面大体的构图关系，这一步不需要对细节进行太多的描绘。

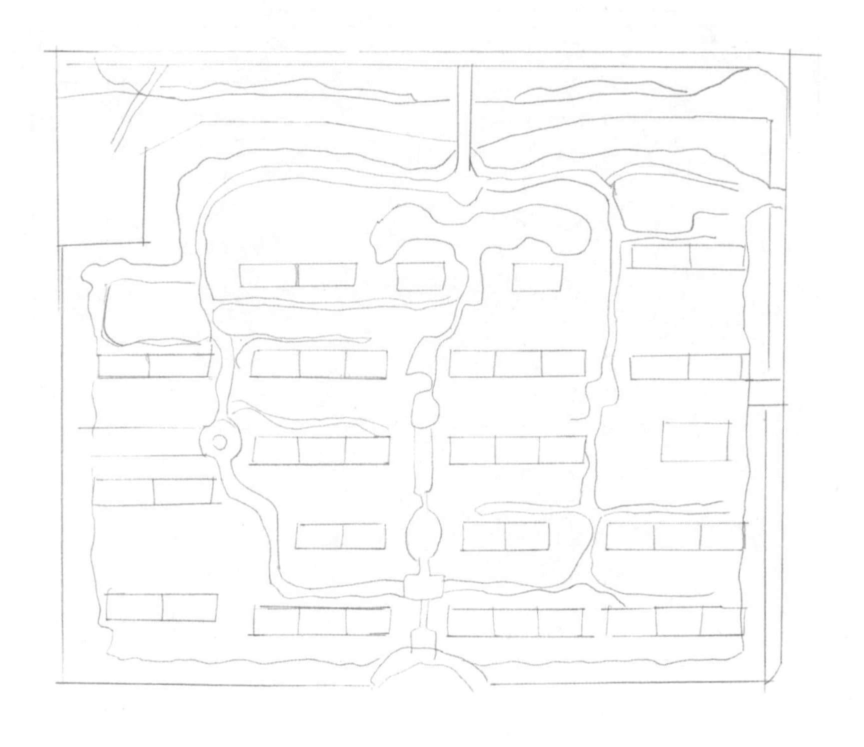

（2）用铅笔绘制画面的细节，确定植物之间的位置关系，注意表现出植物的类型。

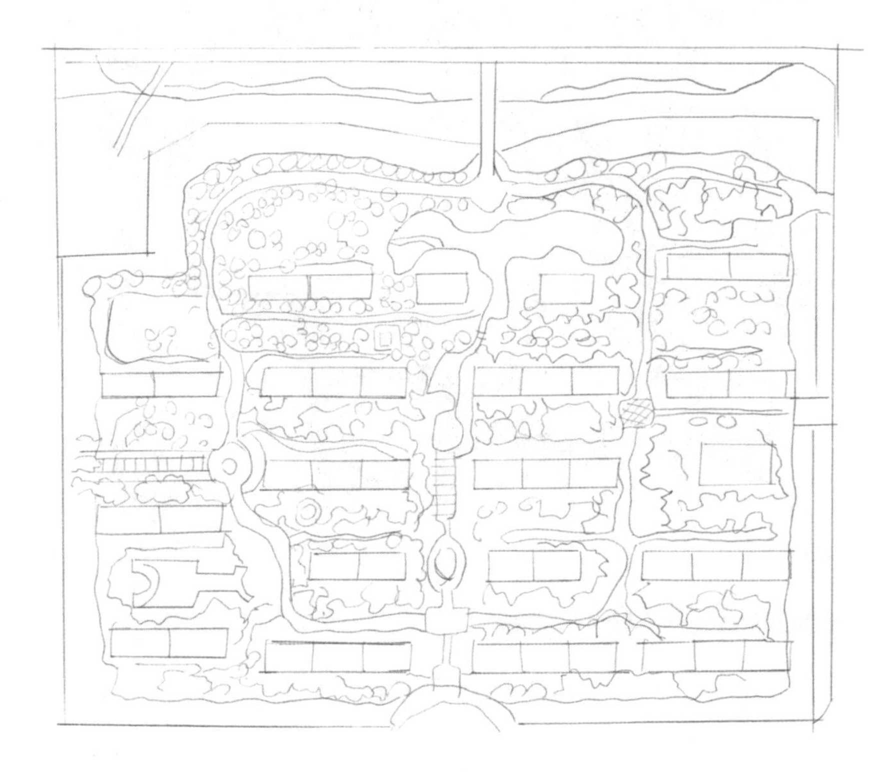

（3）用勾线笔在铅笔稿的基础上绘制建筑、植物、水岸的轮廓线，注意用线要自然、肯定。

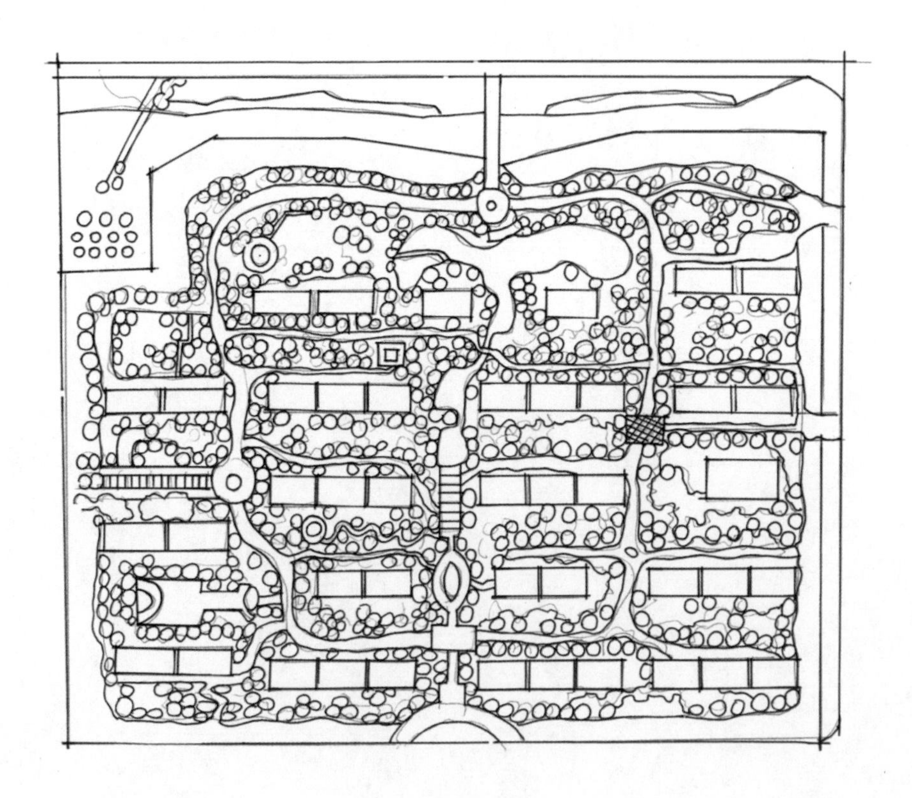

（4）用橡皮擦去画面中多余的铅笔线，保持画面的整洁。

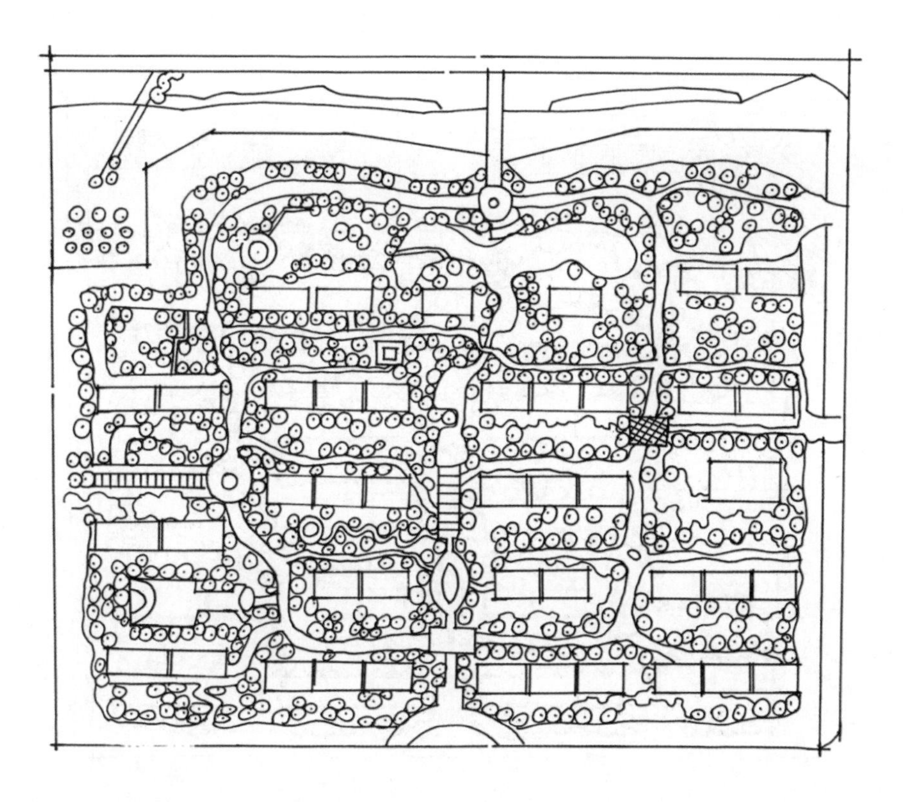

（5）加重平面图的暗部，确定画面的明暗关系，平面图也要表现出一定的立体感。

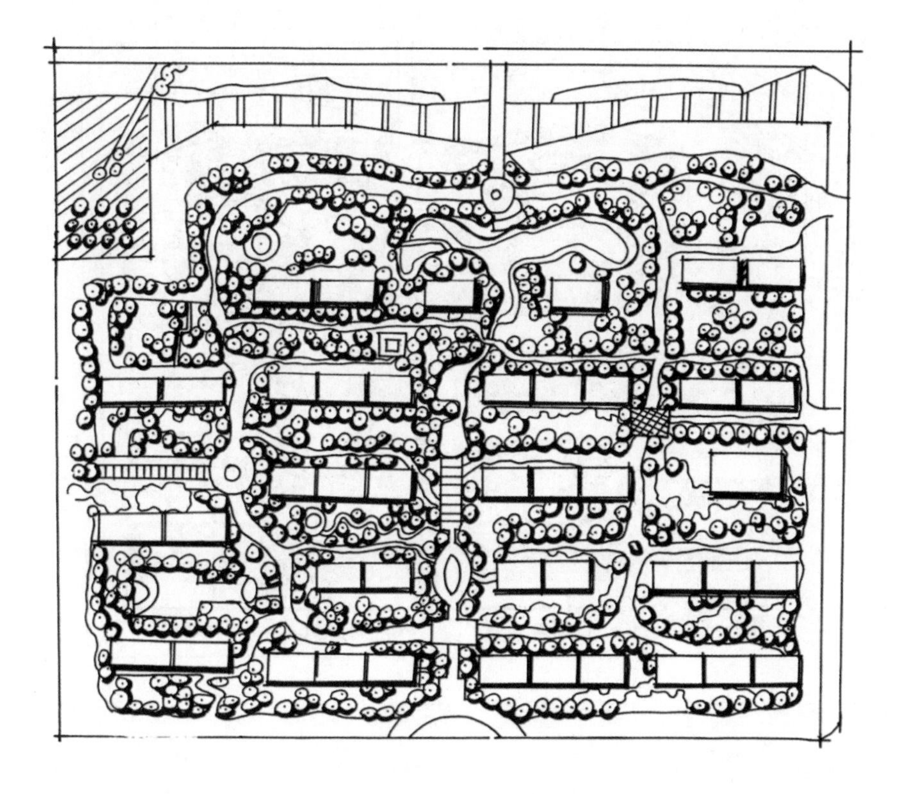

（6）用 139 号（ ）、CG2 号（ ）马克笔绘制地面的颜色，注意采用马克笔平涂的笔触。

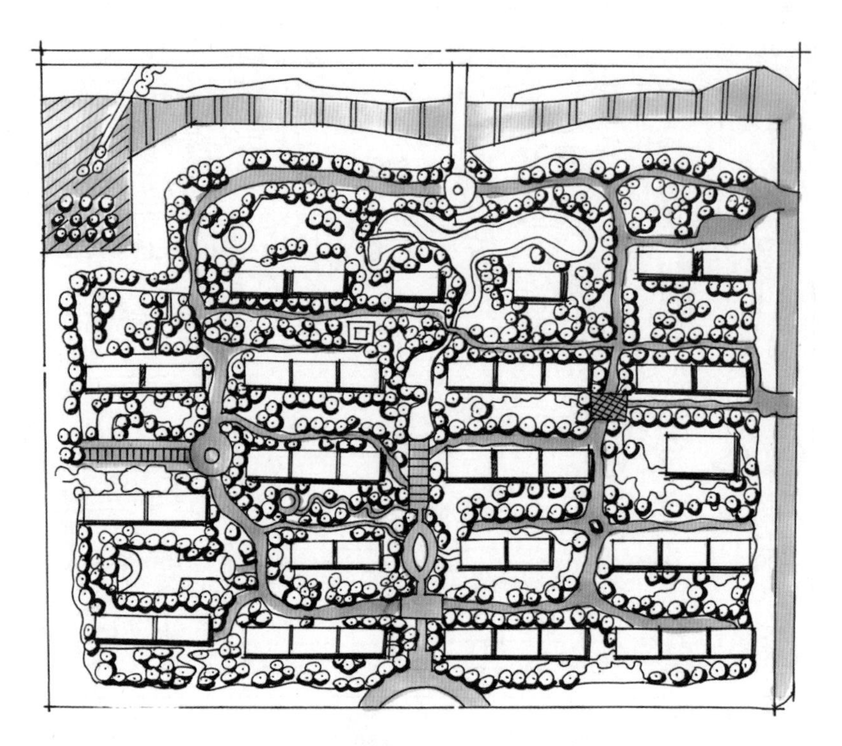

（7）用 124 号（ ）、58 号（ ）马克笔绘制植物的颜色。

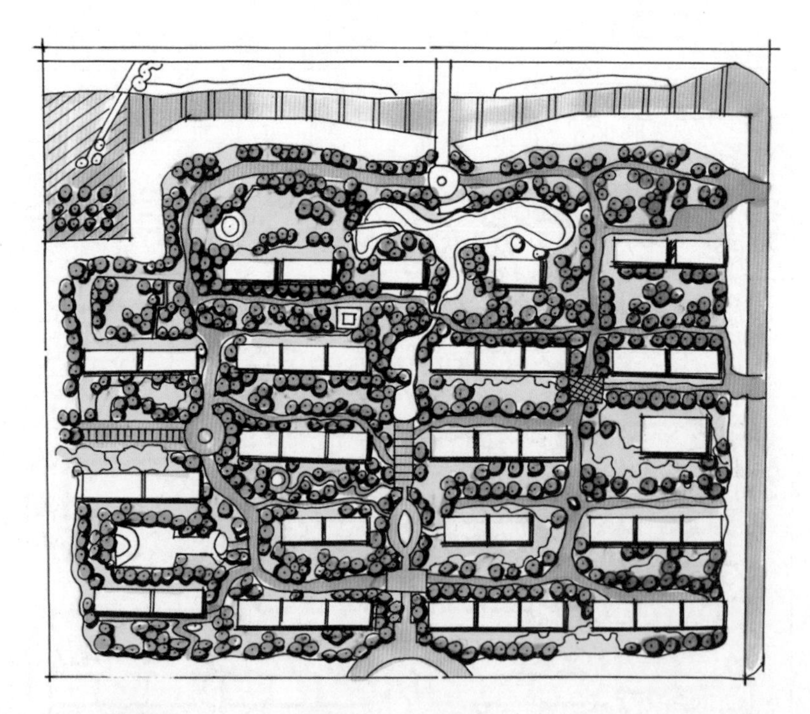

（8）用 64 号（ ）、183 号（ ）马克笔绘制水面的颜色，注意水面亮部的留白。

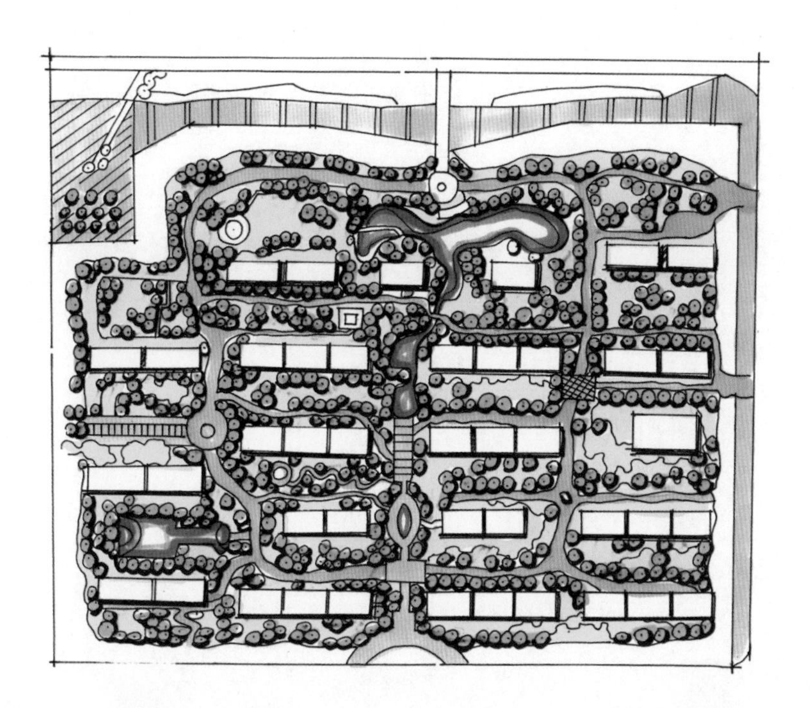

（9）用 61 号（ ）马克笔加重植物的暗部颜色，用 CG4 号（ ）马克笔绘制画面的阴影，完成画面的绘制。

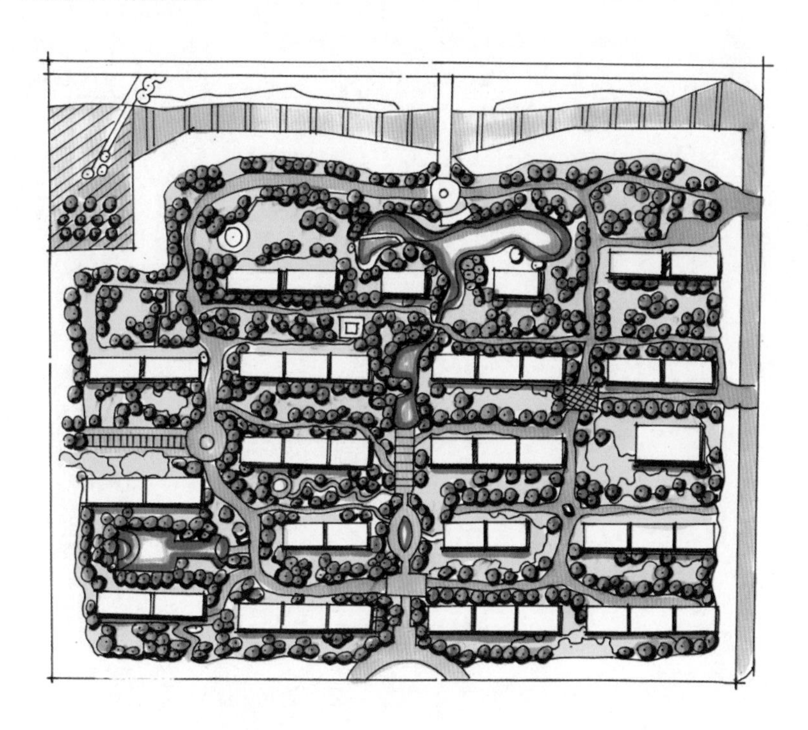

7.2.4 公园景观平面图

公园景观的平面设计一般包括凉亭景观、湖泊、石块铺装等，注意不同植物的位置关系。

【绘制步骤】

（1）用铅笔绘制底稿，绘制道路与景观建筑的外形，确定画面大体的构图关系。

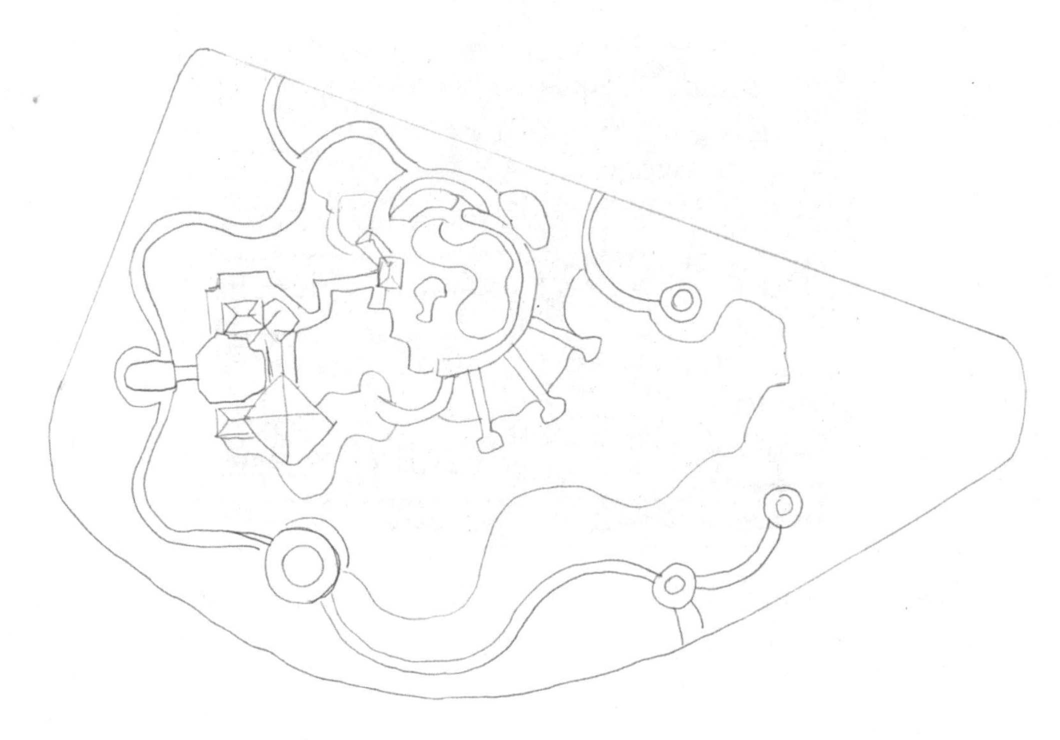

（2）用铅笔绘制画面的细节，确定植物之间的位置关系，注意表现出植物的类型。

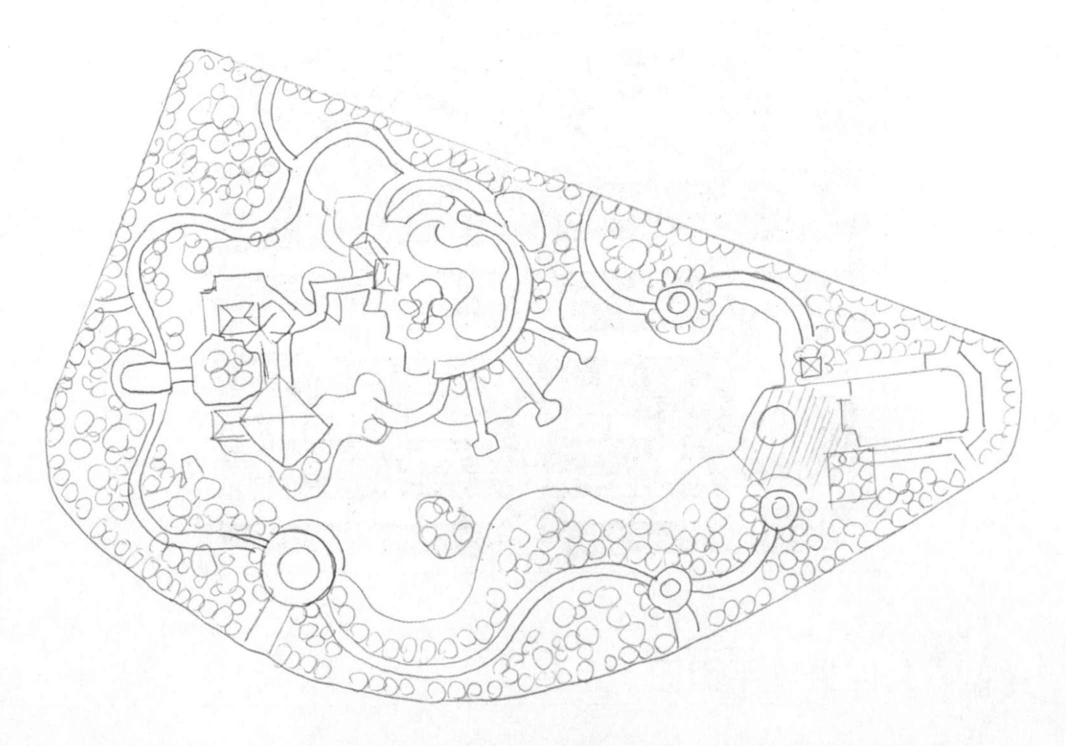

（3）用勾线笔在铅笔稿的基础上绘制建筑、植物、水岸的轮廓线，注意用线要自然、肯定。

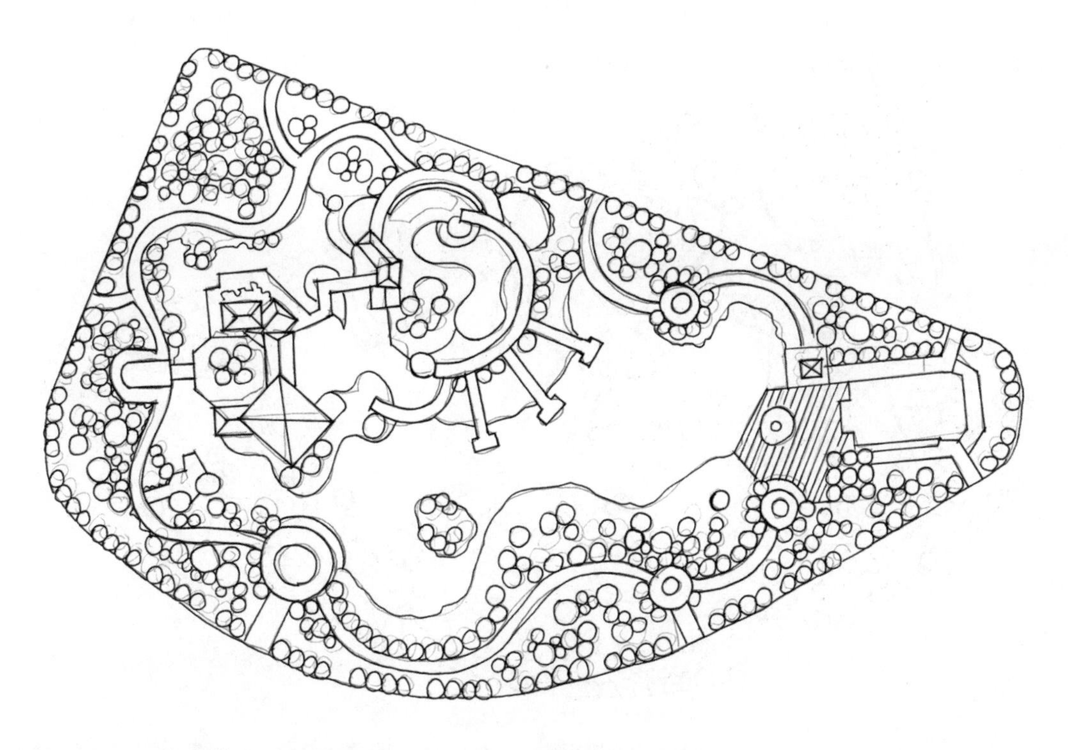

（4）用橡皮擦去画面中多余的铅笔线，保持画面的整洁。

（5）加重平面图的暗部，确定画面的明暗关系，平面图也要表现出一定的立体感。

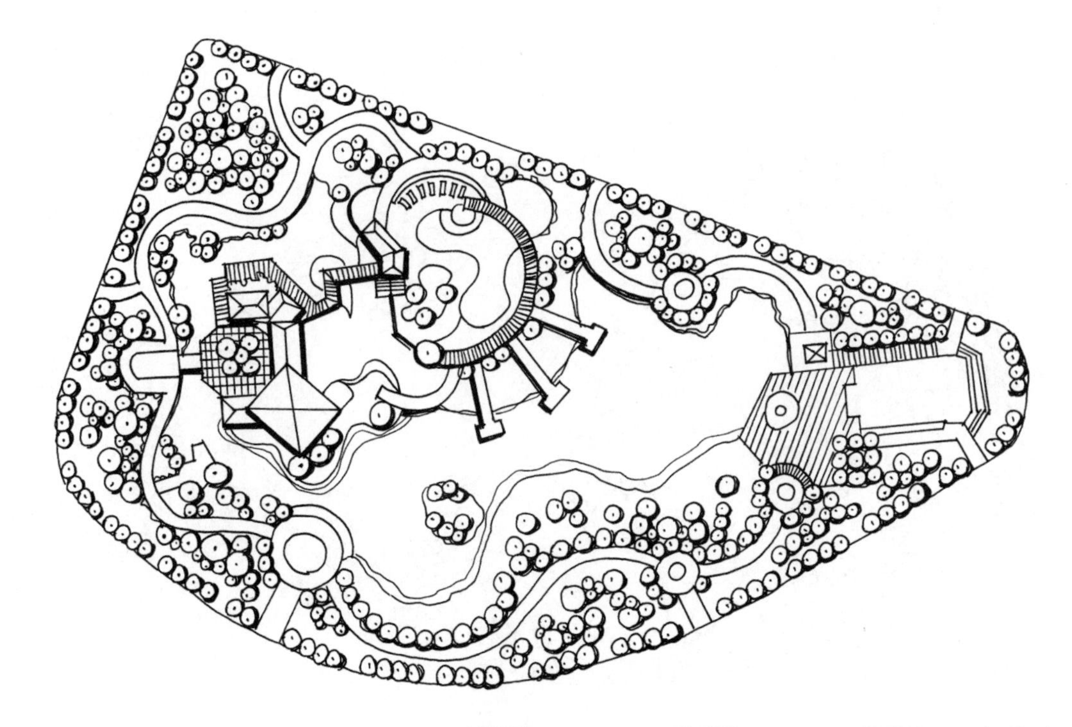

（6）用 36 号（ ）、100 号（ ）、103 号（ ）、9 号（ ）马克笔绘制地面铺装与建筑顶面的颜色。

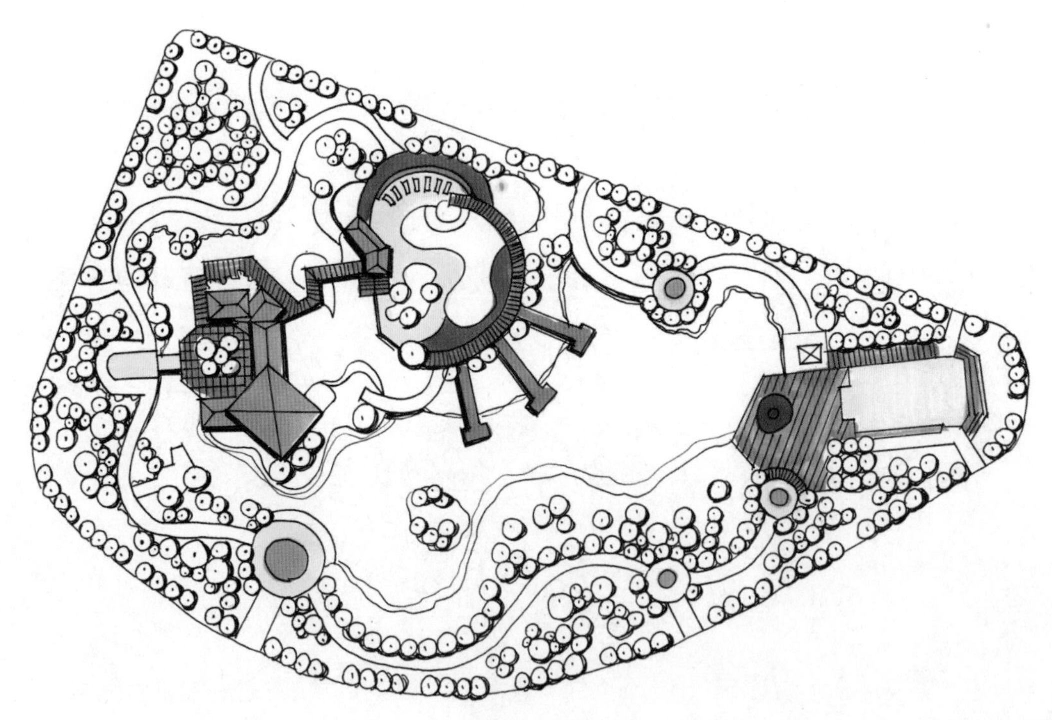

（7）用 124 号（ ）、58 号（ ）马克笔绘制植物的颜色，注意采用马克笔平涂的笔触。

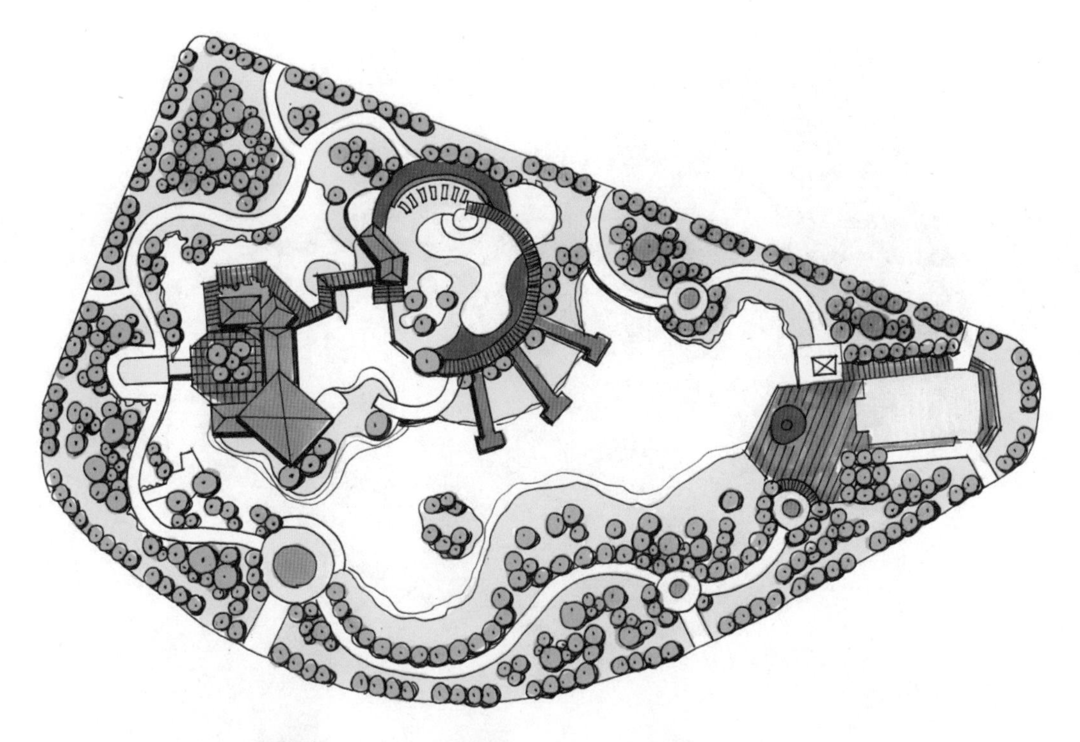

（8）用 63 号（ ）、70 号（ ）、76 号（ ）马克笔绘制水面的颜色，注意水面亮部的留白关系。

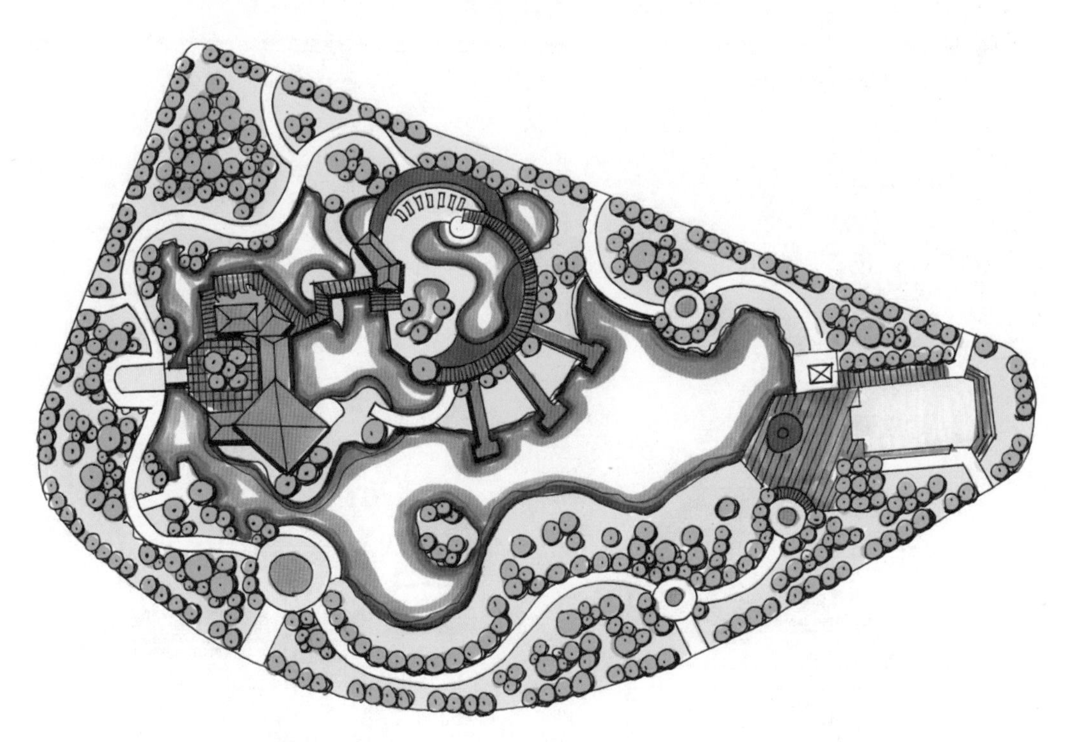

（9）用 65 号（ ）马克笔加重乔木的暗部颜色，用 GG5 号（ ）马克笔绘制画面的阴影，完成画面的绘制。

7.3 立面图与剖面图表现

立面图与剖面图的绘制能够清楚地表现出景观建筑的结构特征，绘制时要特别注意画面的比例关系。

7.3.1 立面图表现

绘制立面图的线条一定要肯定、准确，画面要保持干净。

1. **别墅立面图的表现**

2. **景墙立面图的表现**

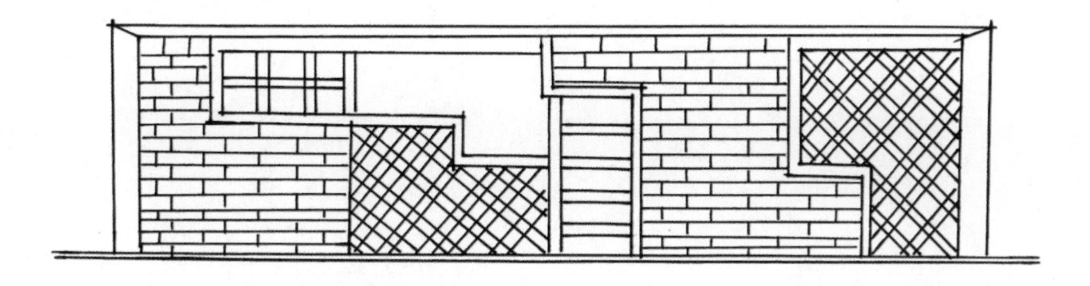

3. **喷泉水体景观立面图表现**

4. **景观亭立面图表现**

7.3.2 剖面图绘制

剖面图的绘制比立面图更具有立体感，但是与效果图的表现不一样，它只绘制画面的一个剖面，表现技巧更容易掌握。

【绘制步骤】

（1）用铅笔绘制草图，勾出景观植物与建筑大概的外形轮廓。

（2）用勾线笔绘制出确定的景观植物与建筑的外形轮廓线，注意用笔要肯定。

（3）用橡皮擦去铅笔线，保持画面的整洁。

（4）刻画画面的细节，丰富画面的内容；绘制植物与建筑的暗部，确定画面大概的明暗关系。

（5）用 CG2 号（　　）、139 号（　　）马克笔绘制建筑的第一层颜色。

（6）用 179 号（ ）马克笔绘制玻璃的颜色，用 167 号（ ）马克笔绘制植物的第一层颜色。

（7）用 59 号（ ）、46 号（ ）马克笔绘制植物的第二层颜色，用 138（ ）马克笔绘制植物的亮部颜色。

（8）用 37 号（ ）、124 号（ ）马克笔绘制植物的亮部颜色，用 56 号（ ）、54 号（ ）马克笔加重植物的暗部颜色。

（9）用 103 号（ ）、WG6 号（ ）马克笔绘制树干的颜色，用 58 号（ ）马克笔绘制远景植物颜色，用 183 号（ ）马克笔绘制天空的颜色，完成立面图的绘制。

7.4 鸟瞰图

远景景观鸟瞰图的透视为三点透视或散点透视，表现出宽广的视野，画面气势磅礴。绘制时要把握场景主题的表现。

7.4.1 海滨景观鸟瞰图

海滨景观一般指在同海、湖、江、河等水域濒临的陆地上建设而成的具有较强观赏性和使用功能的一种城市景观。滨水空间是城市中重要的景观要素，是人类向往的居住胜境。

【绘制步骤】

（1）用铅笔绘制海滨景观大概的外形轮廓，确定画面的构图与透视关系。

（2）用铅笔继续刻画植物、建筑、水面的细节，表现出海滨景观的气氛。

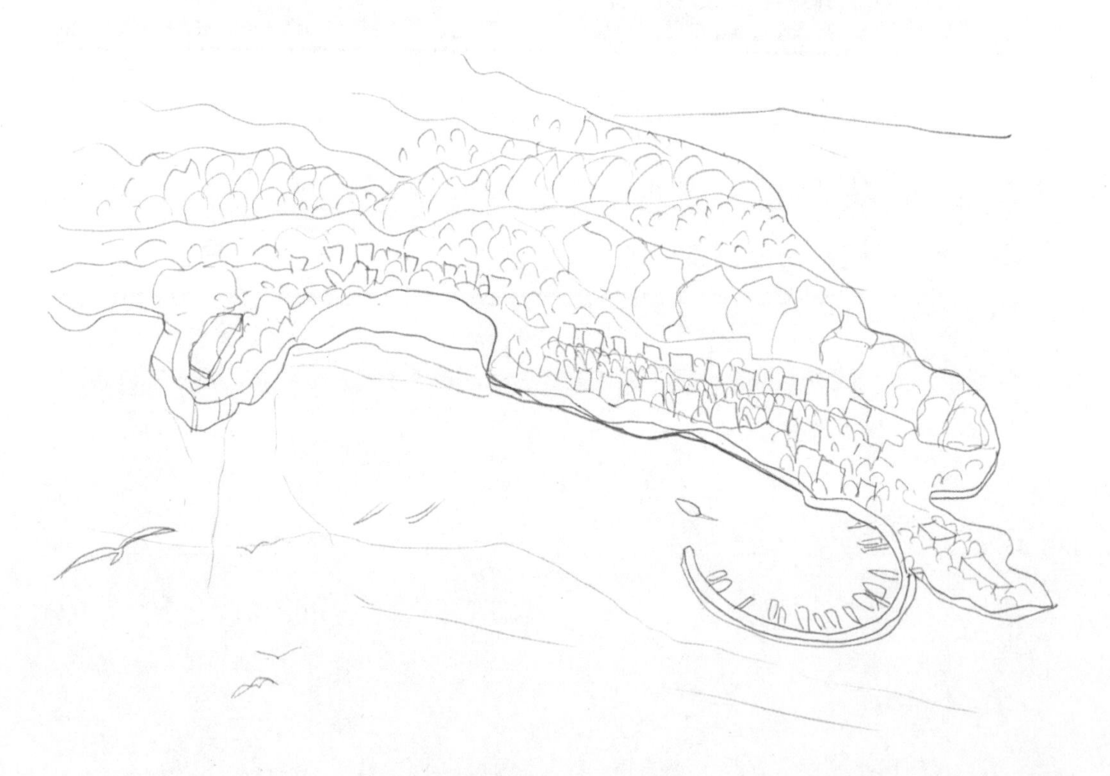

（3）在铅笔稿的基础上用勾线笔绘制植物、水岸与建筑景观的外形线，注意用笔要肯定，用线要流畅、自然。

（4）用橡皮擦去画面中多余的铅笔线，保持画面的整洁。

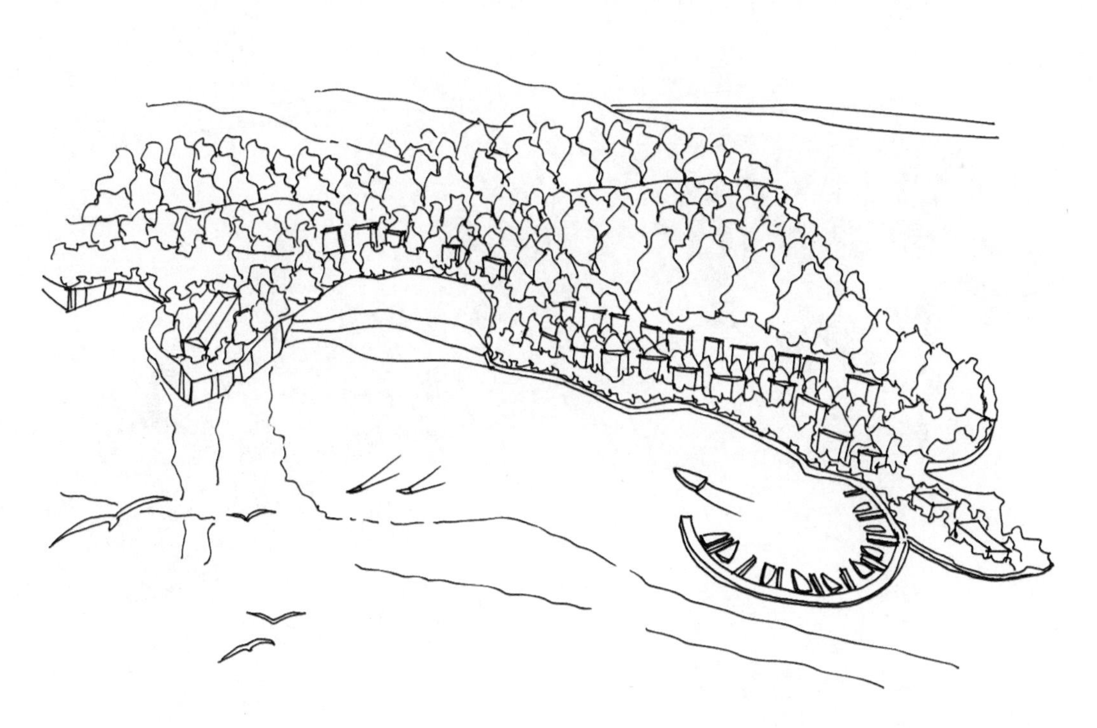

（5）绘制植物、石块、建筑的细节与暗部，注意线条的排列与疏密关系的表现，确定出画面大体的明暗关系。

（6）用 175 号（ ）、48 号（ ）、47 号（ ）马克笔绘制植物的第一层颜色。

（7）用 42 号（ ）、43 号（ ）、47 号（ ）、56 号（ ）马克笔绘制植物的第二层颜色，加重植物的暗部颜色。

（8）用 BG3 号（ ）马克笔绘制建筑的颜色，用 36 号（ ）马克笔绘制水岸的颜色，用 185 号（ ）马克笔绘制水面的第一层颜色。

（9）用 454 号（ ）、451 号（ ）彩铅绘制水面的颜色，注意颜色的渐变与过渡。

（10）用 138 号（　　）马克笔丰富植物的亮部颜色，用 164 号（　　）马克笔丰富水面的亮部颜色；调整画面，完成绘制。

7.4.2 公园景观鸟瞰图

公园作为自然观赏区和供公众休息游玩的公共区域，有较完善的设施和良好的绿化环境。

【绘制步骤】

（1）用铅笔绘制公园景观大概的外形轮廓，确定画面的构图与透视关系。

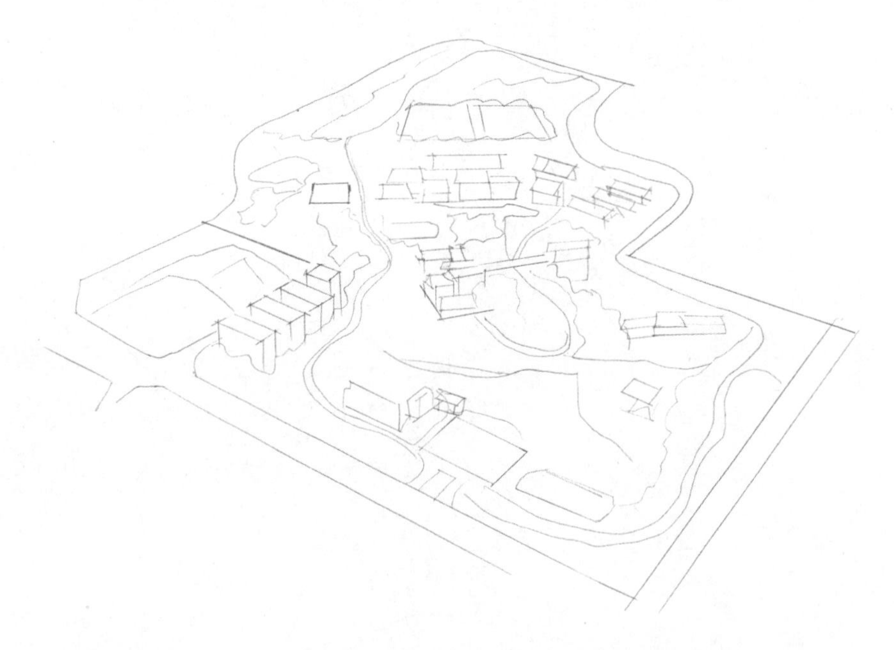

（2）用铅笔继续刻画植物、建筑、铺装的细节，表现出公园景观的气氛。

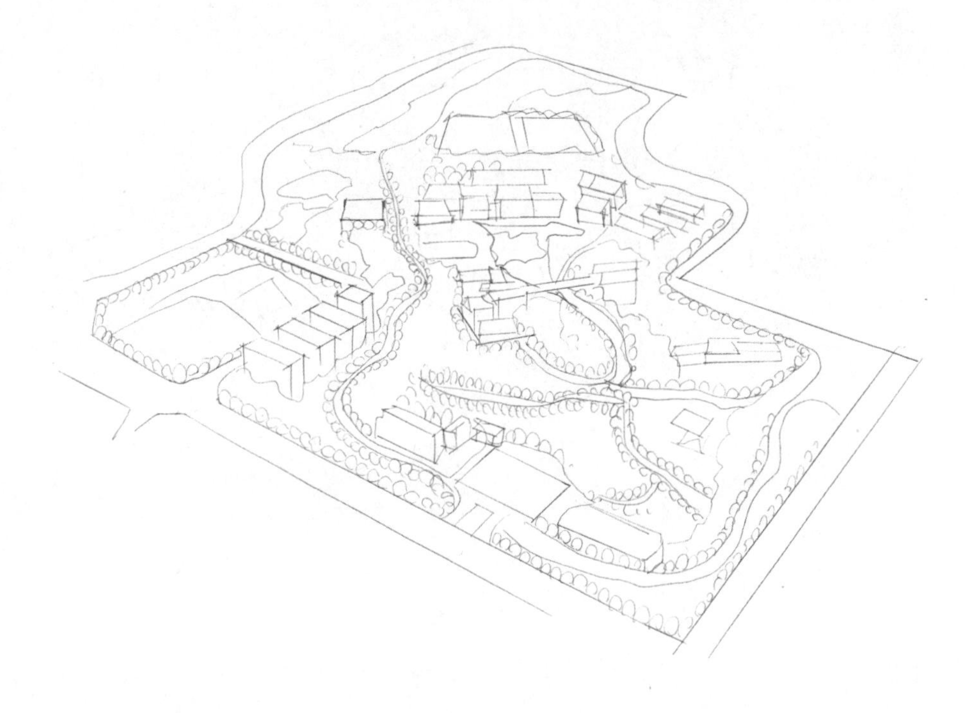

（3）在铅笔稿的基础上用勾线笔绘制植物、水岸与建筑景观的外形线，注意用笔要肯定，用线要流畅、自然。

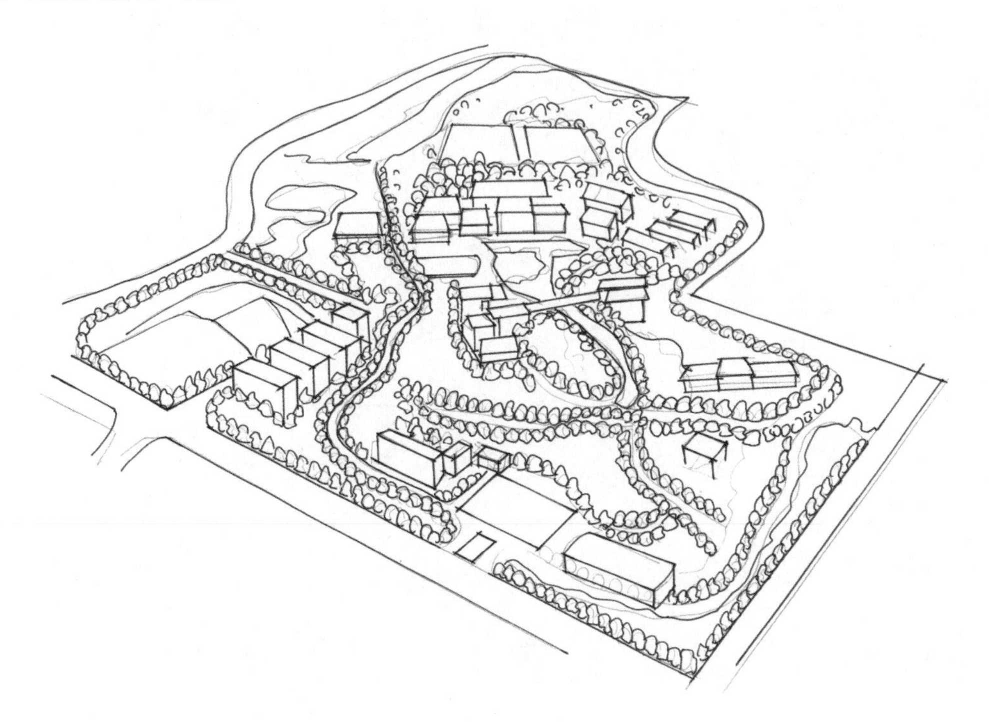

（4）用橡皮擦去画面中多余的铅笔线，保持画面的整洁。

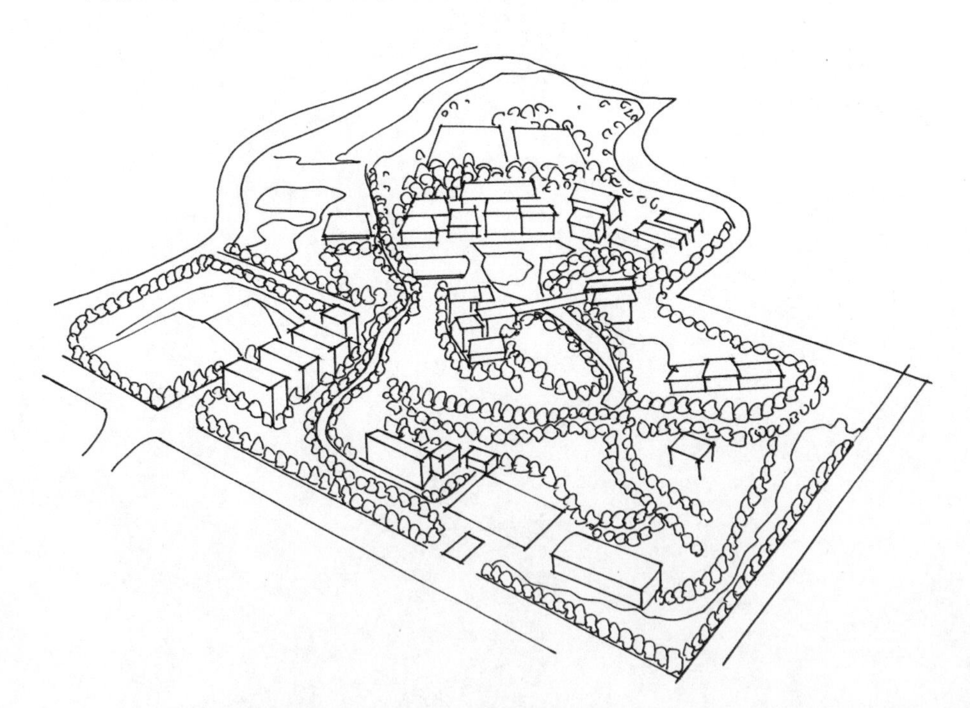

（5）绘制植物与建筑的细节与暗部，注意线条的排列与疏密关系的表现，确定出画面大体的明暗关系。

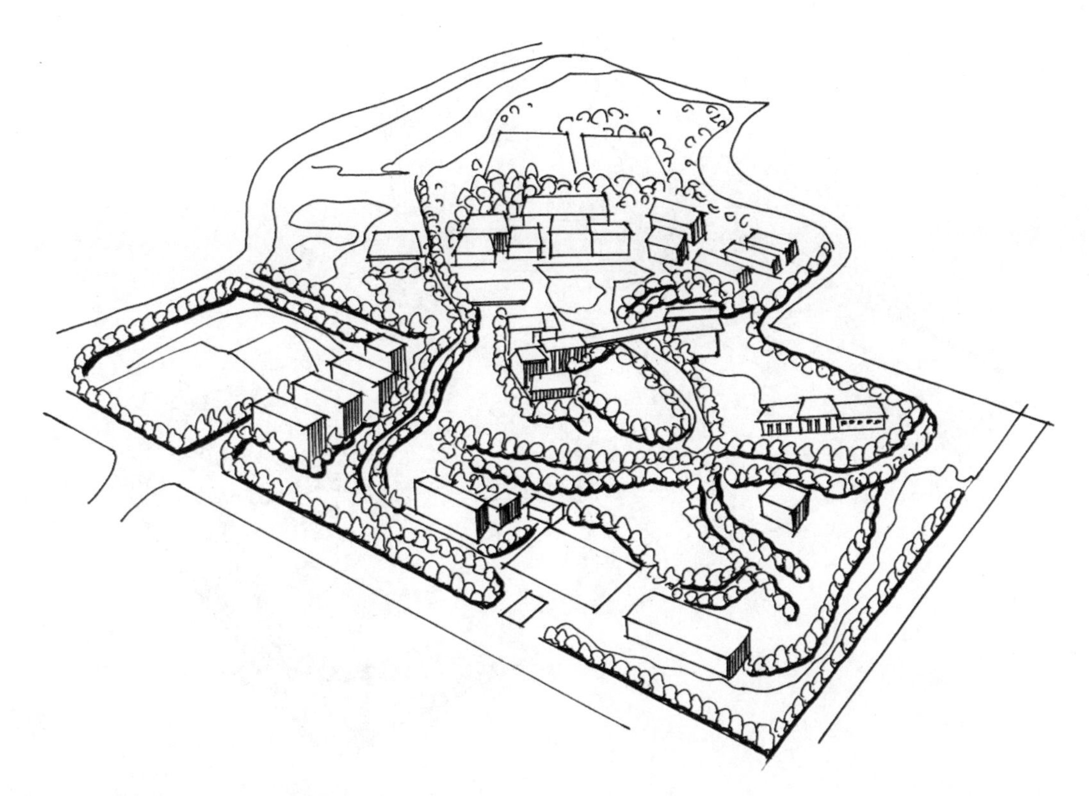

（6）用 CG3 号（ ）马克笔绘制道路铺装的颜色。

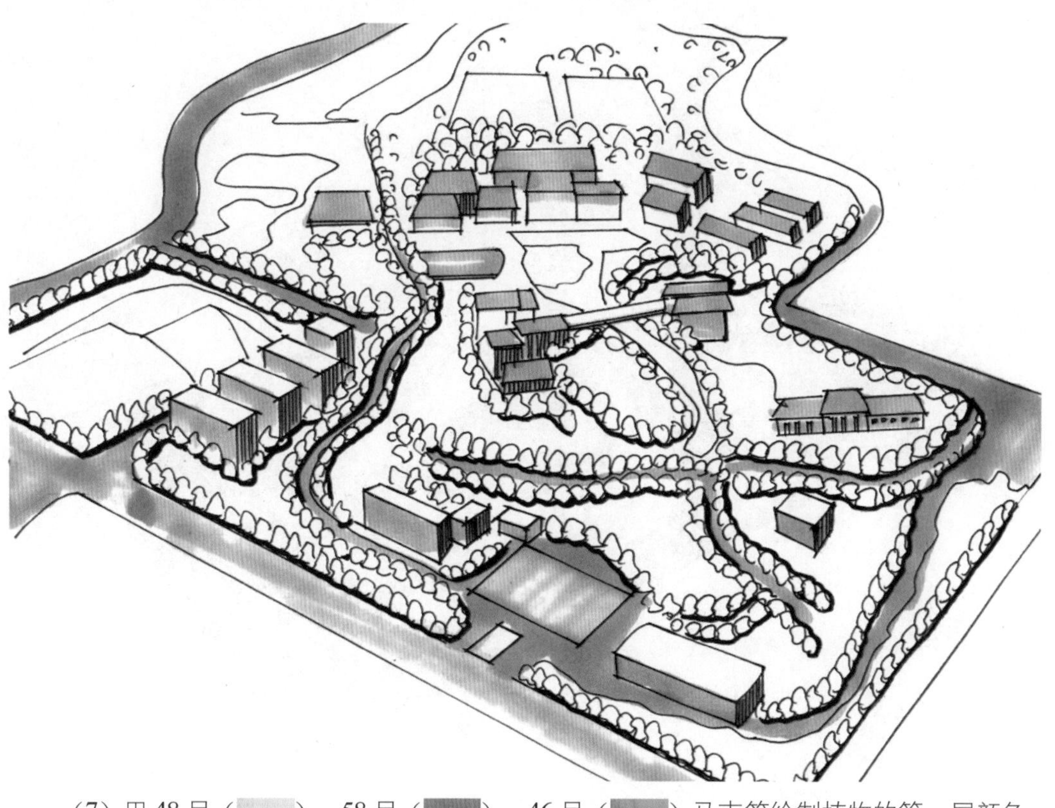

（7）用 48 号（ ）、58 号（ ）、46 号（ ）马克笔绘制植物的第一层颜色。

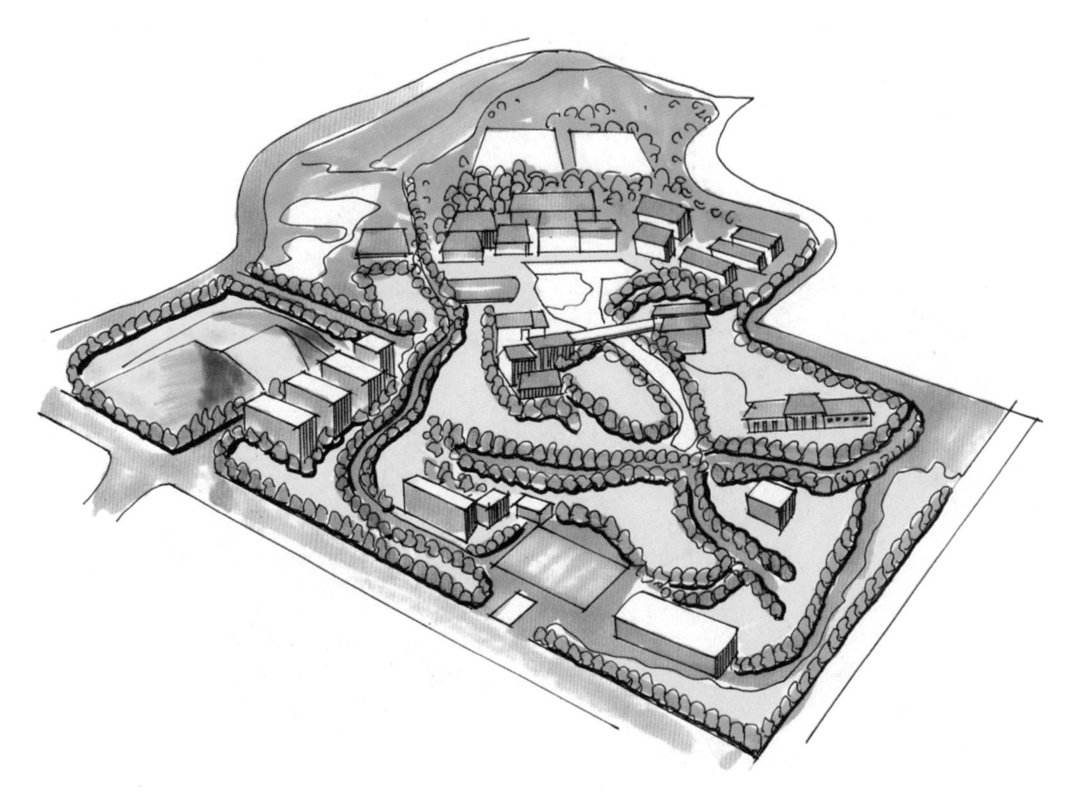

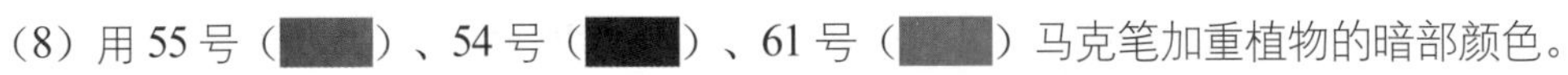
（8）用 55 号（ ）、54 号（ ）、61 号（ ）马克笔加重植物的暗部颜色。

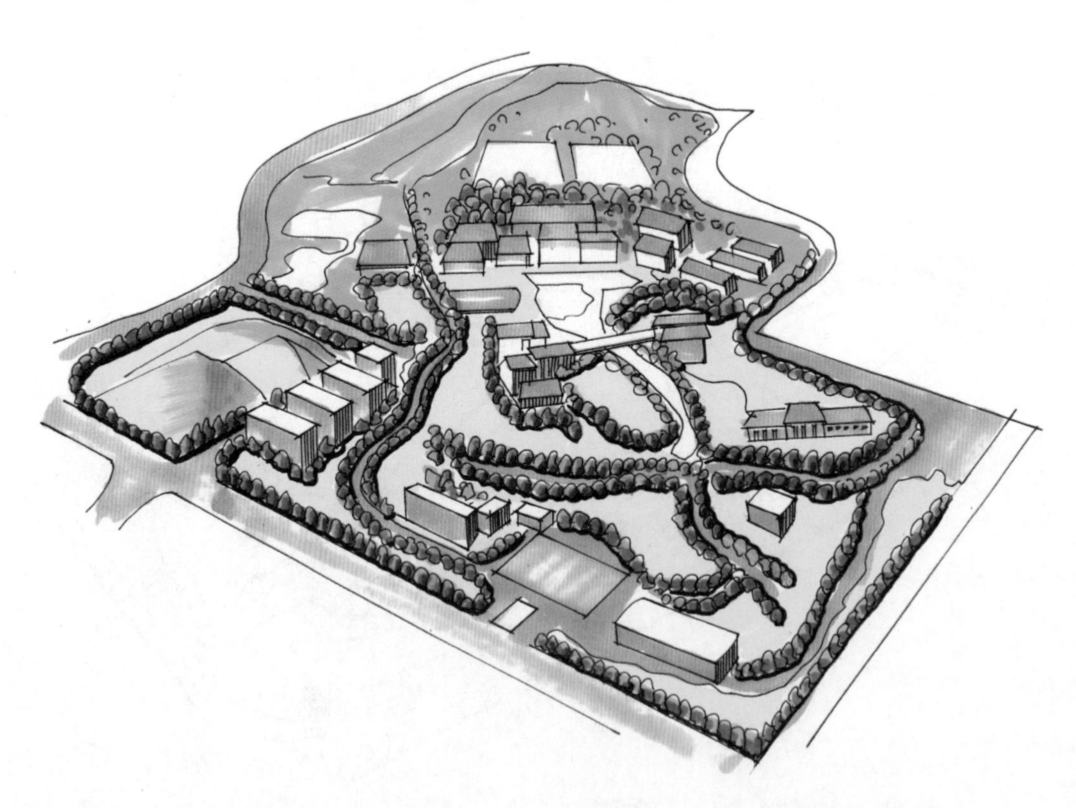

（9）用 66 号（ ）、65 号（ ）马克笔与 451 号（ ）彩铅绘制水面的颜色，用 CG5 号（ ）马克笔绘制画面的阴影；调整画面，完成绘制。

7.4.3 校园景观鸟瞰图

学校建筑是人们为了达到特定的教育目的而兴建的教育活动场所，主要分为中小学校和高等学校两种类型。学校的总体布置的功能要合理，并且合理组织空间，创造适合青少年特点的优美环境。

（1）用铅笔绘制草图，确定建筑的外形轮廓与配景的位置关系。

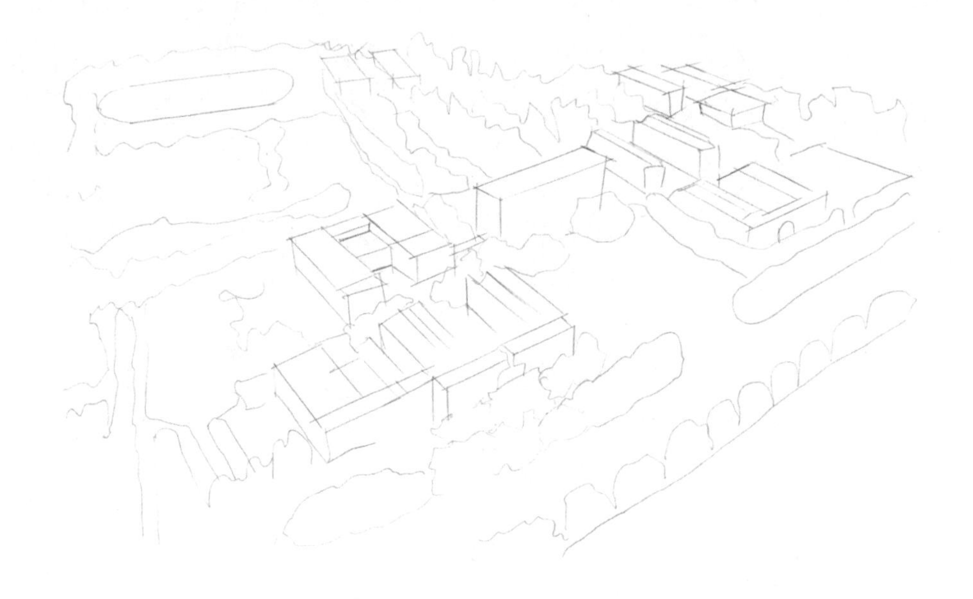

（2）绘制画面的细节，注意植物前后之间的位置关系。

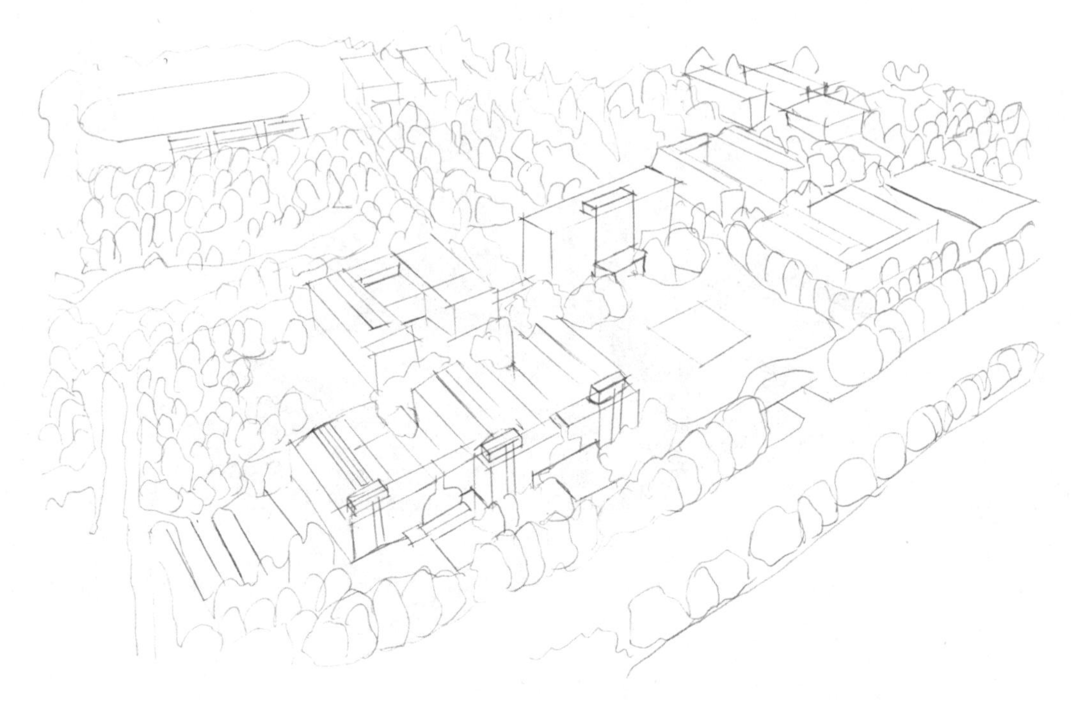

（3）在铅笔稿的基础上用勾线笔绘制建筑与学校的外形轮廓线，注意用线要流畅、自然。

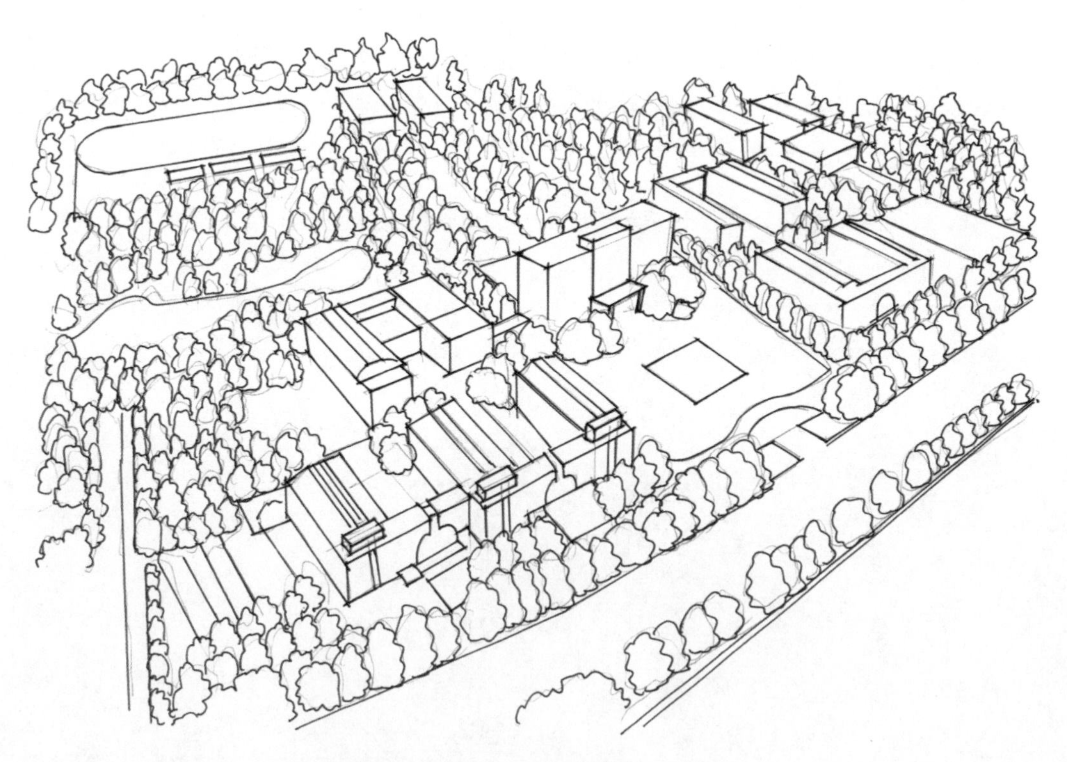

（4）用橡皮擦去画面中多余的铅笔线，保持画面的整洁。

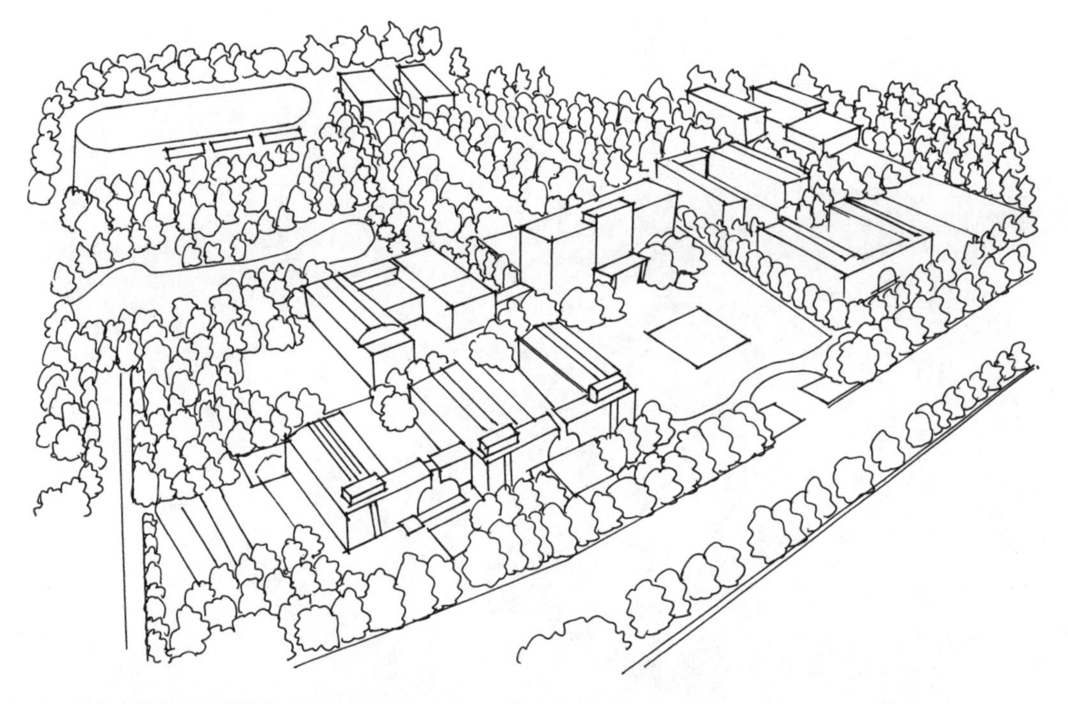

（5）用排列的线条绘制画面的暗部，确定画面的明暗关系，注意线条的排列方向与疏密关系的表现。

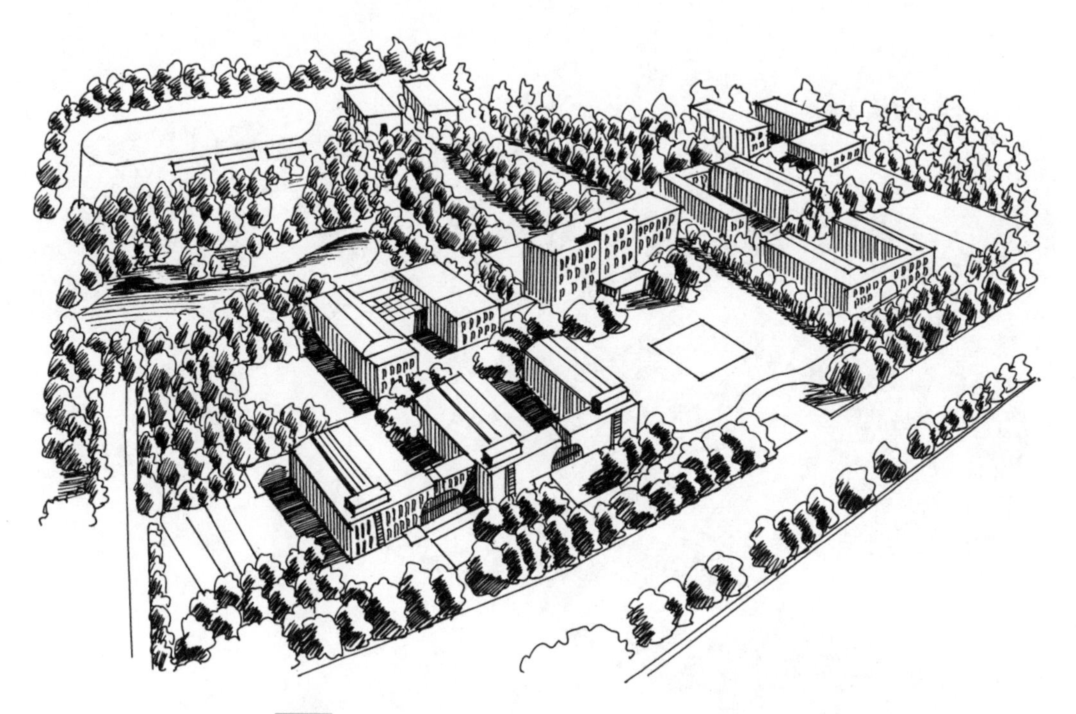

（6）用 CG4 号（ ）马克笔绘制建筑屋顶的颜色，用 9 号（ ）马克笔绘制建筑墙面的颜色。

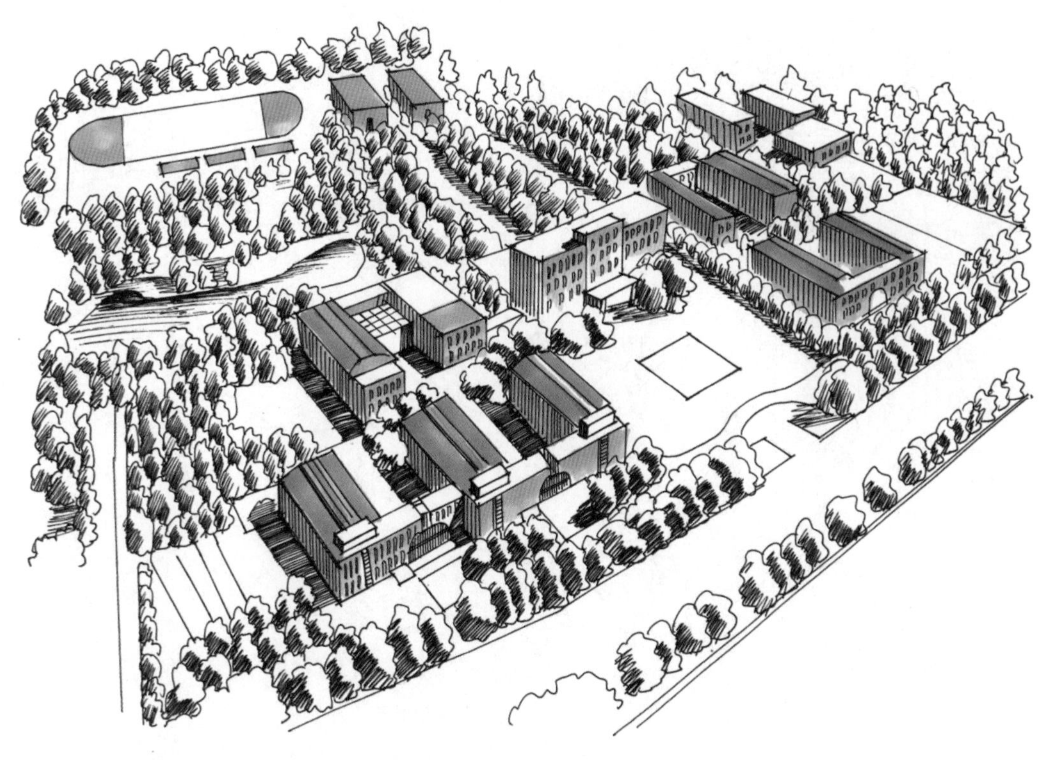

（7）用 172 号（ ）马克笔绘制植物的第一层颜色。

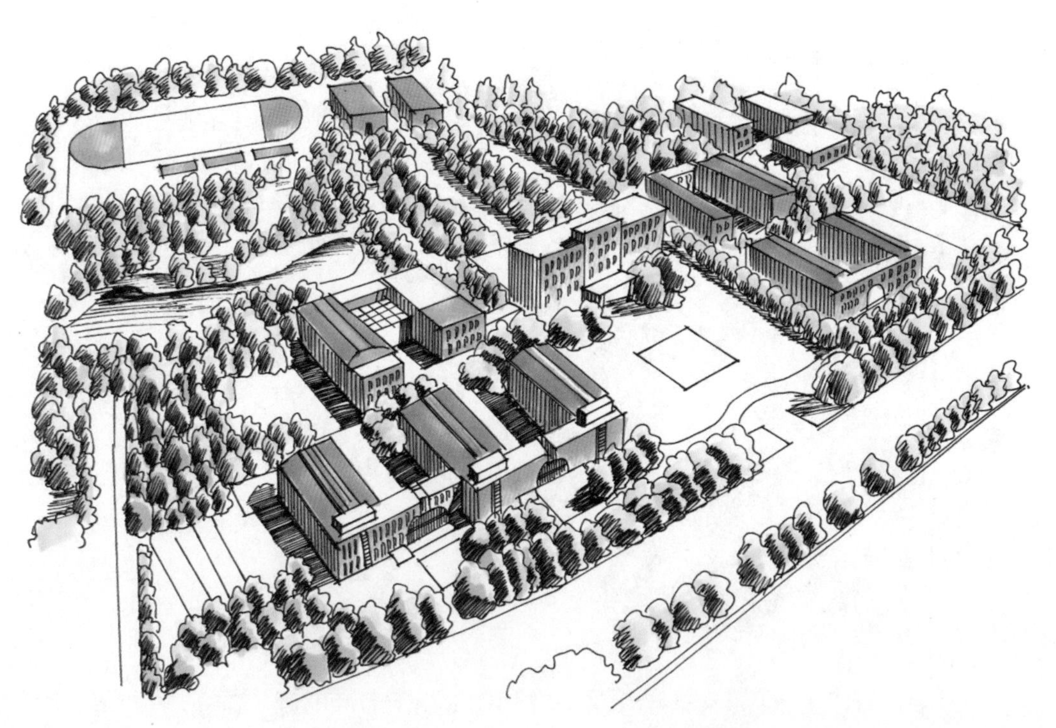

（8）用 59 号（ ）马克笔绘制草坪的颜色，用 183 号（ ）马克笔绘制水面的颜色，用 CG2 号（ ）马克笔绘制地面的颜色。

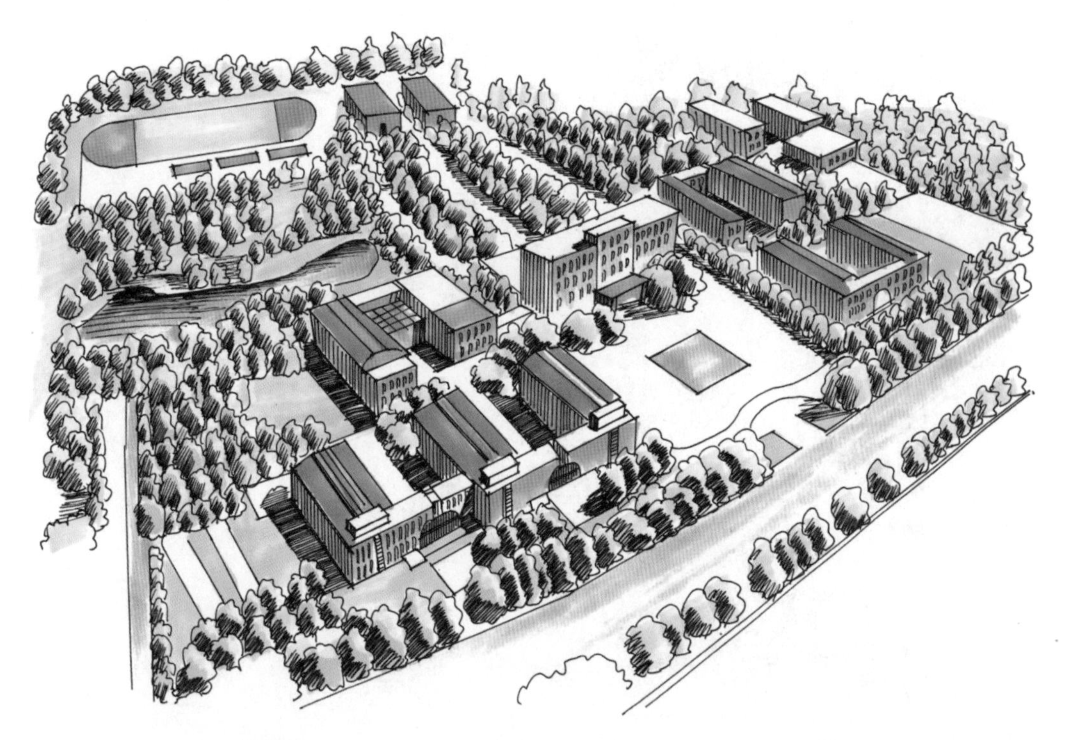

（9）用 46 号（ ）马克笔绘制近景植物的暗部，用 58 号（ ）马克笔绘制远景植物的暗部颜色。

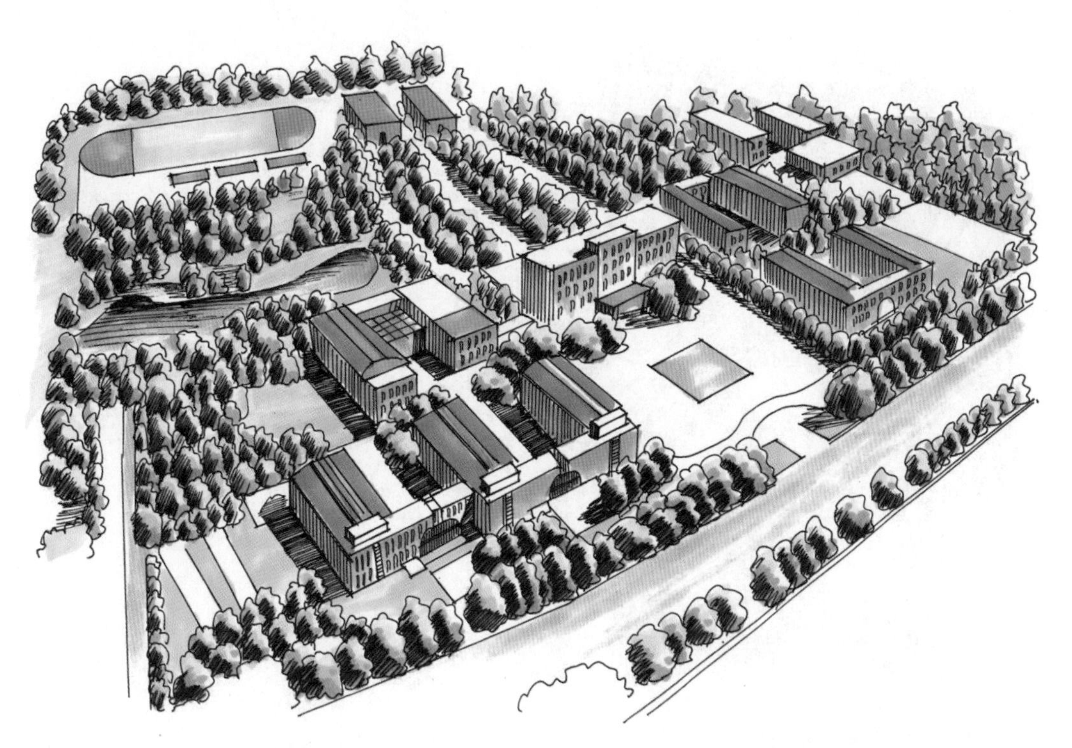

（10）用 34 号（ ）马克笔绘制近景植物的亮部，用 147 号（ ）马克笔绘制远景植物的亮部，用 55 号（ ）、61 号（ ）马克笔进一步加重植物的暗部颜色。

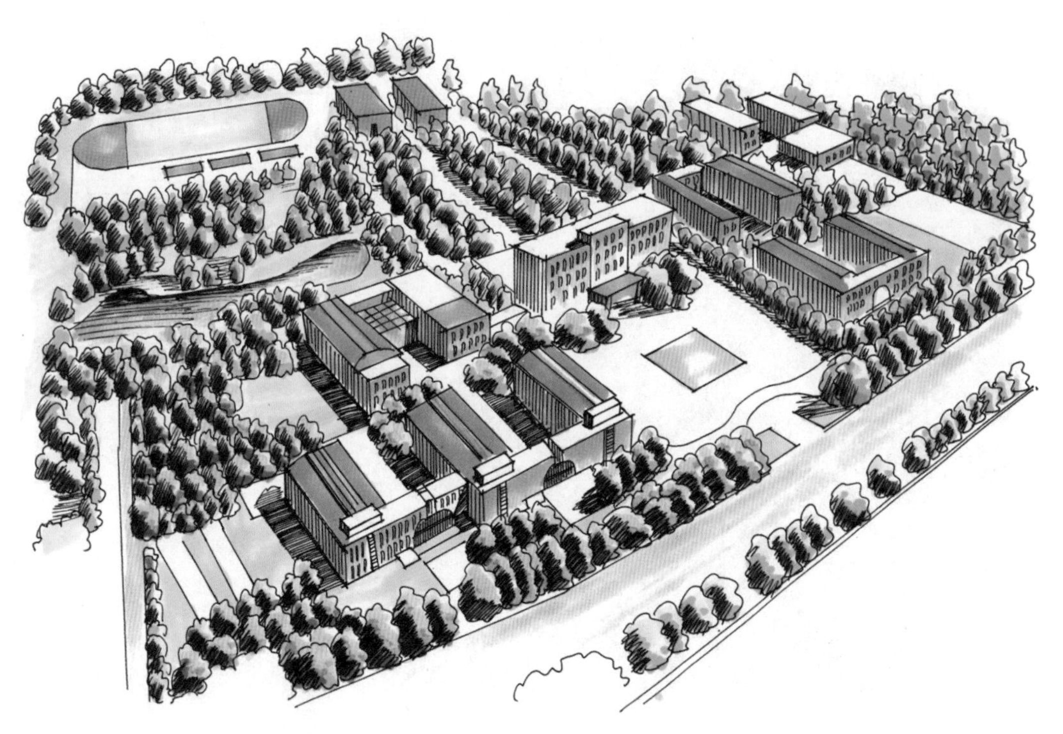

（11）用 84 号（ ）马克笔加重建筑的暗部颜色，用 179 号（ ）马克笔绘制背景天空的颜色。

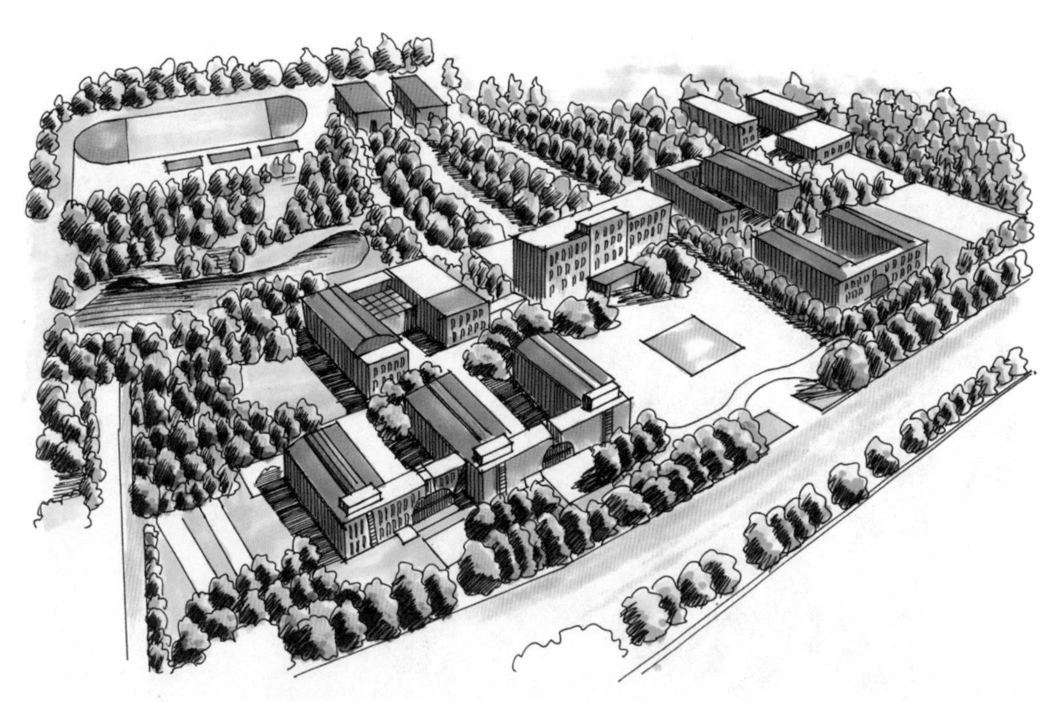

（12）用 70 号（ ）马克笔加重水岸的颜色，用 CG2 号（ ）、CG5 号（ ）马克笔绘制画面的阴影，完成画面的绘制。

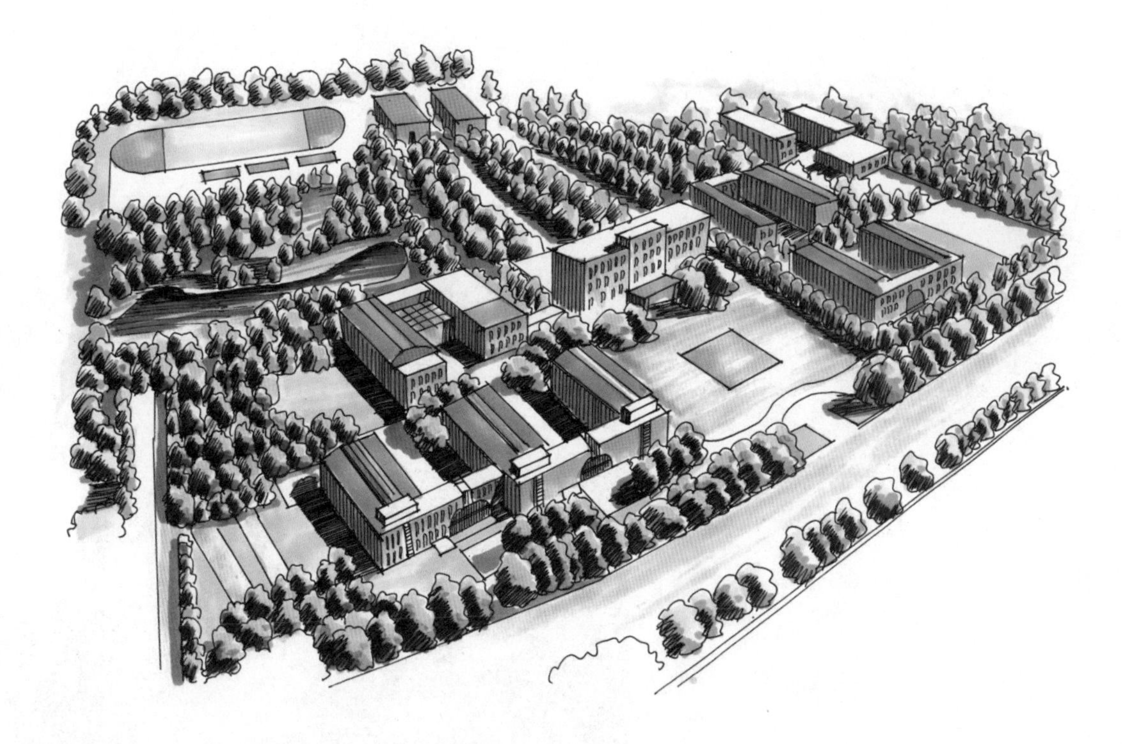

7.5 课后练习

1. 练习乔木与灌木丛不同植物类型的平面图。

2. 构思一套完整的景观设计方案，绘制平面图到鸟瞰图的表现。

手绘效果图是把设计与表现融为一体的表现技法。效果图是设计师与非专业人员沟通的最好媒介，对决策起到一定的作用。绘制手绘效果图时，应该将重点放在造型、色彩和质感的表现上。

第8章 园林景观综合表现

8.1 小区自然跌水景观

小区自然跌水景观的设计既能满足园林绿化的要求，又能美化环境，形成小区独特的风格和景观形象。

【绘制要点】

（1）要把握小区跌水景观的结构特征，应掌握画面整体的透视关系，注意画面中前后物体之间穿插的关系等。

（2）整体比例关系要准确，画面的色调要和谐统一。

（3）学会利用留白形式完善画面的构图，丰富画面的内容，并加强画面的空间层次。

用彩铅绘制玻璃颜色时，注意颜色的渐变与过渡，要表现出玻璃透明的质感。

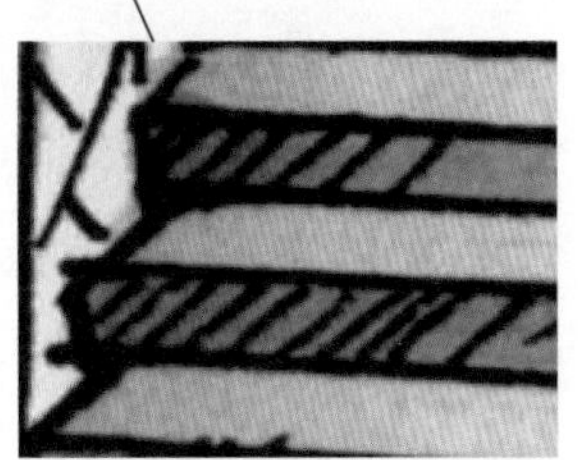

用排列的线条绘制地面的暗部，注意线条的排列方向与疏密关系的表现。

【绘制步骤】

（1）用铅笔绘制跌水、植物与建筑景观大概的外形轮廓，确定画面的构图与透视关系。

（2）用铅笔进一步刻画画面的细节结构，注意表现出画面中物体的立体感。

（3）在铅笔稿的基础上，用勾线笔绘制植物、建筑、跌水等准确的结构线，注意用线要肯定、流畅。

（4）用橡皮擦去画面中多余的铅笔线，保持画面的整洁。

（5）仔细绘制跌水、植物与建筑的结构细节，加重暗部的结构线，增添画面的空间体积感，注意用线要自然、流畅。

（6）用排列的线条绘制画面的暗部，确定画面的明暗关系，增强画面的空间层次，注意线条的排列方向与疏密关系的表现。

（7）用 139 号（ ）、38 号（ ）、GG3 号（ ）马克笔绘制建筑景观的第一层颜色。

（8）用 179 号（ ）马克笔绘制窗户与玻璃的颜色，用 107 号（ ）马克笔绘制木椅的颜色，用 WG3 号（ ）马克笔绘制跌水台的颜色。

（9）用 167 号（ ）马克笔绘制近景植物的颜色，用 58 号（ ）马克笔绘制远景植物的颜色。

（10）用 46 号（ ）、55 号（ ）、65 号（ ）马克笔加重植物暗部的颜色，增强树木的体积感，用 100 号（ ）马克笔绘制树干的颜色。

（11）用 GG5 号（ ）、102 号（ ）马克笔加重建筑的暗部颜色，用 447 号（ ）、451 号（ ）彩铅丰富玻璃与水面的颜色。

（12）用 8 号（ ）、183 号（ ）、66 号（ ）马克笔绘制配景人物的颜色，活跃画面的气氛；用 179 号（ ）马克笔绘制天空的第一层颜色，用 447 号（ ）、451 号（ ）彩铅丰富天空的颜色；整体调整画面，完成绘制。

8.2 休闲广场景观

广场是由建筑围合而成的公共空间，具有共享空间的作用。休闲广场一般供人们进行娱乐活动与休息，它的绿色景观设计也应具有明确的主体。

【绘制要点】

（1）要把握广场景观的结构特征，应掌握画面整体的透视关系，注意画面中前后物体之间穿插的关系等。

（2）整体比例关系要准确，画面的色调要和谐统一。

（3）学会利用留白形式完善画面的构图，丰富画面的内容，并加强画面的空间层次。

绘制水面倒影时，注意线条的疏密关系，用线要自然流畅，表现出水轻盈的特点。

用自然的植物线绘制画面中边框植物时，注意疏密的表现，表现出明暗关系。

【绘制步骤】

（1）用铅笔绘制广场、植物与人物等景观大概的外形轮廓，确定画面的构图与透视关系。

（2）用铅笔进一步刻画画面的细节结构，注意表现出画面中物体的立体感。

（3）在铅笔稿的基础上，用勾线笔绘制植物、人物、广场建筑景观等准确的结构线，注意用线要肯定、流畅。

（4）用橡皮擦去画面中多余的铅笔线，保持画面的整洁。

（5）仔细绘制广场、植物与景观建筑的结构细节，加重暗部的结构线，用排列的线条绘制画面的暗部，增加画面的空间体积感，注意用线要自然、流畅。

（6）用排列的线条绘制水面的倒影与天空的云朵，丰富画面的空间层次，注意线条的排列方向与疏密关系的表现。

（7）用 GG3 号（ ）、21 号（ ）马克笔绘制休闲广场的第一层颜色。

（8）用172号（ ）、147号（ ）马克笔绘制植物的第一层颜色，用CG2号（ ）马克笔绘制远景建筑的第一层颜色。

（9）用46号（ ）、55号（ ）、84号（ ）马克笔绘制植物的第二层颜色，加重植物的暗部颜色；用GG5号（ ）马克笔加重广场的暗部颜色，增强画面的空间立体感。

（10）用179号（ ）马克笔绘制水面的第一层颜色，用58号（ ）马克笔加重水面倒影的颜色，用447号（ ）彩铅丰富水面的颜色。

（11）用13号（ ）、34号（ ）、66号（ ）马克笔绘制画面配景人物的颜色，注意用比较艳丽的颜色绘制配景人物，活跃画面气氛。

（12）用451号（ ）彩铅绘制画面的天空，注意颜色的渐变与过渡；整体调整画面，完成绘制。

8.3 公园景观

公园作为自然观赏区和供公众休息游玩的公共区域，有较完善的设施和良好的绿化环境。公园一般可分为城市公园、森林公园、主题公园、专类园等。

【绘制要点】

(1)要把握公园景观的结构特征，掌握画面整体的透视关系，注意画面中前后物体之间穿插的关系等。

(2)整体比例关系要准确，画面的色调要和谐统一。

(3)学会利用留白形式完善画面的构图，丰富画面的内容，并加强画面的空间层次。

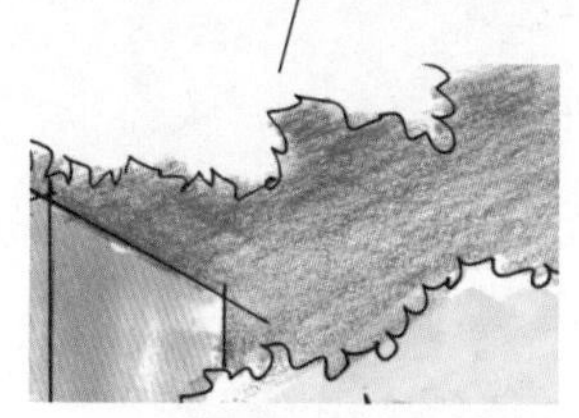

用彩铅绘制天空时，注意颜色的渐变与过渡，表现出画面的空间层次感。

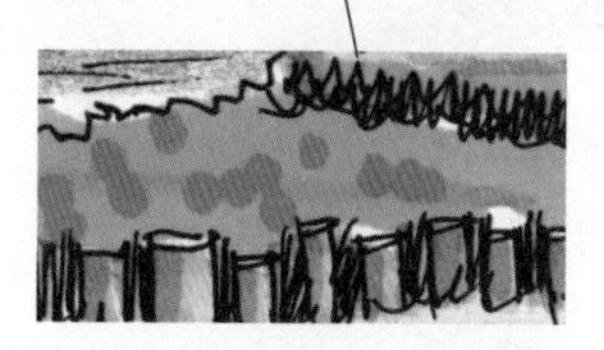

用艳丽的对比色绘制花卉的颜色，活跃画面的气氛，注意马克笔揉笔带点的笔触。

【绘制步骤】

(1)用铅笔绘制地面、植物与建筑景观大概的外形轮廓，确定画面的构图与透视关系。

（2）用铅笔进一步刻画画面的细节结构，注意表现出画面中物体的立体感。

（3）按照从前至后的作画原理，在铅笔稿的基础上，用勾线笔绘制近景植物与建筑的轮廓线，注意用线要肯定、流畅。

（4）向后绘制远景植物与建筑的结构轮廓线，注意用线要肯定、自然。

（5）用橡皮擦去画面中多余的铅笔线，保持画面的整洁。

（6）用排列的线条绘制画面的暗部，确定画面的明暗关系，增强画面的空间层次，注意线条的排列方向与疏密关系的表现。

（7）用 167 号（　　）马克笔绘制植物的第一层颜色。

（8）用 172 号（ ）、46 号（ ）马克笔绘制植物的第二层颜色，用 147 号（ ）马克笔绘制花草的颜色，丰富画面的色彩。

（9）用 179 号（ ）马克笔绘制水面的第一层颜色，用 104 号（ ）马克笔绘制树桩的第一层颜色，用 WG3 号（ ）马克笔加重树桩的暗部颜色。

（10）用56号（ ）马克笔加重近景植物的暗部颜色，用84号（ ）马克笔点缀花草的颜色，用57号（ ）马克笔绘制浮萍的颜色，用451号（ ）彩铅绘制水面的颜色。

（11）用55号（ ）马克笔加重近景植物的颜色，用139号（ ）马克笔绘制近景建筑的颜色，用CG2号（ ）马克笔绘制远景植物的颜色。

（12）用 451 号（ ）、454 号（ ）、447 号（ ）彩铅绘制天空的颜色，注意颜色的渐变与过渡；整体调整画面，完成绘制。

8.4 别墅景观

别墅景观的设计一般包括亭台栏栅、花园景观，加上一个私家庭院室的景观设计。庭院中布置各种花草树木，是休憩观赏的场所。别墅庭院的景观设计不仅要环境优美，还要注重别墅庭院的隐蔽性。

【绘制要点】

（1）要把握别墅的结构特征，应掌握画面整体的透视关系，注意画面中前后物体之间穿插的关系等。

（2）整体比例关系要准确，画面的色调要和谐统一。

（3）学会利用留白形式完善画面的构图，丰富画面的内容，并加强画面的空间层次。

用彩铅绘制水面时，注意颜色的渐变与过渡，表现出水流动、透明的质感。

绘制植物时，注意使用对比色活跃画面的气氛，增强画面的气氛。

【绘制步骤】

（1）用铅笔绘制植物与建筑景观大概的外形轮廓，确定画面的构图与透视关系。

（2）用铅笔进一步刻画画面的细节结构，注意表现出画面中物体的立体感。

（3）在铅笔稿的基础上，用勾线笔绘制植物、建筑等准确的结构线，注意用线要肯定、流畅。

（4）用橡皮擦去画面中多余的铅笔线，保持画面的整洁。

（5）绘制别墅建筑的结构细节，用排列的线条绘制建筑的暗部，确定出画面大体的明暗关系，注意线条的排列方向要一致。

（6）绘制别墅建筑周围环境的细节，注意植物之间前后穿插的位置关系。

（7）用 140 号（ ）马克笔绘制建筑屋顶的颜色，用 35 号（ ）马克笔绘制建筑墙面的第一层颜色，用 104 号（ ）马克笔加重建筑的暗部颜色。

（8）用25号（ ）马克笔绘制水池池岸的颜色，用179号（ ）马克笔绘制水面的第一层颜色，用59号（ ）马克笔绘制遮阳伞的颜色。

（9）用167号（ ）、147号（ ）马克笔绘制建筑周围植物的第一层颜色。

（10）用 21 号（ ）马克笔加重屋顶的暗部颜色，用 WG3 号（ ）马克笔加重墙面的暗部颜色，用 451 号（ ）彩铅加重水面的颜色，注意亮部的留白表现。

（11）用 84 号（ ）、46 号（ ）、56 号（ ）马克笔加重近景植物的暗部颜色，用 58 号（ ）马克笔加重远景植物的暗部颜色，用 462 号（ ）彩铅丰富近景草坪的颜色。

（12）用 37 号（ ）马克笔丰富水面的亮部颜色，用 58 号（ ）马克笔绘制远山的颜色，用 84 号（ ）马克笔丰富画面的色彩，用 451 号（ ）彩铅与 144 号（ ）马克笔绘制天空的颜色，丰富画面的空间层次；整体调整画面，完成绘制。

8.5 花园景观

花园的设计中，主要以植物造景为主，合理地配置各种树木花草，再加上必要的园林景观小品，可以使人们从花园的设计空间中获得更多愉悦的感情。

【绘制要点】

（1）要把握花园景观的结构特征，应掌握画面整体的透视关系，注意画面中前后物体之间穿插的关系等。

（2）整体比例关系要准确，画面的色调要和谐统一。

（3）学会利用留白形式完善画面的构图，丰富画面的内容，并加强画面的空间层次。

用不同的颜色绘制草坪，注意颜色的渐变与马克笔揉笔带点的笔触。

绘制植物时，注意用对比色活跃画面的气氛。

【绘制步骤】

（1）用铅笔绘制树木、花草与地面等大概的外形轮廓，确定画面的构图与透视关系。

（2）用铅笔进一步刻画画面的细节结构，注意表现出画面植物花草的立体感。

（3）在铅笔稿的基础上，用勾线笔绘制树干、花草等的轮廓线，注意用线要肯定、流畅。

（4）用橡皮擦去画面中多余的铅笔线，保持画面的整洁。

（5）按照从前至后的作画原理，用勾线笔仔细刻画近景植物的细节，注意表现出花草的特征。

（6）依次往后绘制画面的细节，用自然的植物线绘制植物的暗部，确定出物体大体的明暗关系，加重画面的空间进深感。

（7）用 167 号（ ）马克笔绘制植物的第一层颜色，用 139 号（ ）马克笔绘制地面的第一层颜色。

（8）用 147 号（ ）、44 号（ ）马克笔绘制花草植物的第一层颜色，用 GG3 号（ ）马克笔绘制树干的第一层颜色，注意亮部的留白。

（9）用46号（）马克笔绘制植物的第二层颜色，用58号（）马克笔加重远景植物的暗部颜色，加强画面的空间关系。

（10）用84号（）、83号（）、21号（）、100号（）马克笔加重花朵的暗部颜色，加强花朵的空间立体感；用54号（）马克笔进一步加重叶子与草丛的暗部颜色。

（11）用 179 号（ ）马克笔绘制树干的亮部，用 GG5 号（ ）马克笔加重树干的暗部，用 140 号（ ）、WG3 号（ ）、WG6 号（ ）马克笔加重地面的颜色，注意颜色的渐变与过渡。

（12）用 172 号（ ）马克笔绘制植物树冠的过渡色，用 124 号（ ）马克笔丰富花草的亮部颜色，用 138 号（ ）马克笔丰富画面的色彩，活跃画面的气氛；整体调整画面，完成绘制。

8.6 居住区景观

居住小区景观的设计一般要求既能满足园林绿化设施或户外休闲用品的实用功能，又能美化环境。坚持“以人为本”的理念，体现人本效应。小区环境设计除了满足居民活动需求外，更重要的是形成小区独特的风格和景观形象，这样才能避免流于形式大同小异的规划风格，使小区具有独有的特色，小区环境才更有生命力和独特的魅力。

【绘制要点】

（1）要把握居住区景观的结构特征，应掌握画面整体的透视关系，注意画面中前后物体之间穿插的关系等。

（2）整体比例关系要准确，画面的色调要和谐统一。

（3）学会利用留白形式完善画面的构图，丰富画面的内容，并加强画面的空间层次。

用排列的线条绘制地面的暗部，注意线条的排列方向与疏密关系的表现。

用彩铅绘制玻璃颜色时，注意亮部的留白，要表现出玻璃透明的质感。

【绘制步骤】

（1）用铅笔绘制地面、植物与建筑景观大概的外形轮廓，确定画面的构图与透视关系。

（2）用铅笔进一步刻画画面的细节结构，注意表现出画面物体的立体感。

（3）在铅笔稿的基础上，用勾线笔绘制植物、建筑、地面等准确的结构线，注意用线要肯定、流畅。

（4）用橡皮擦去画面中多余的铅笔线，保持画面的整洁。

（5）仔细绘制地面、植物与建筑的结构细节，加重暗部的结构线，增强画面的空间体积感；用排列的线条绘制画面的暗部，确定画面的明暗关系，注意用线要自然、流畅。

（6）用 48 号（ ）、167 号（ ）马克笔绘制植物的第一层颜色，注意可以采用马克笔平涂的笔触。

（7）用 140 号（ ）、104 号（ ）马克笔绘制建筑的第一层颜色。

（8）用 183 号（ ）马克笔绘制窗户的颜色，用 WG3 号（ ）、140 号（ ）马克笔绘制景观建筑与地面的颜色。

（9）用 46 号（ ）、42 号（ ）马克笔绘制植物的第二层颜色，加重植物的暗部；用 CG2 号（ ）、CG4 号（ ）马克笔继续绘制地面的颜色，用 34 号（ ）马克笔绘制花盆的颜色。

（10）用 WG3 号（ ）、WG6 号（ ）、21 号（ ）马克笔加重建筑的暗部颜色，增强画面的空间体积感。

（11）用 139 号（ ）马克笔绘制天空的第一层颜色，用 451 号（ ）、454 号（ ）彩铅丰富天空的颜色；整体调整画面，完成绘制。

8.7 商业街景观

商业街道绿化对于园林景观的设计十分重要。道路的绿化设计是动态的绿化景观，要求简洁明快、层次分明，并与周围的环境相协调。

【绘制要点】

（1）要把握商业街的结构特征，掌握画面整体的透视关系，注意画面中前后物体之间穿插的关系等。

（2）整体比例关系要准确，画面的色调要和谐统一。

（3）学会利用留白形式完善画面的构图，丰富画面的内容，并加强画面的空间层次。

用艳丽的颜色绘制配景人物，不仅点缀了画面，还活跃了画面的气氛。

地面的局部放大图，注意绘制地面曲线时的透视关系。

【绘制步骤】

（1）用铅笔绘制人物、植物、车辆与建筑景观大概的外形轮廓，确定画面的构图与透视关系。

（2）用铅笔进一步刻画画面的细节结构，注意表现出画面物体的立体感。

（3）在铅笔稿的基础上，用勾线笔绘制植物、建筑、人物与车辆等物体的结构线，注意用线要肯定、流畅。

（4）用橡皮擦去画面中多余的铅笔线，保持画面的整洁。

（5）为画面绘制天空，仔细绘制画面植物与建筑的结构细节，加重暗部的结构线；用排列的线条绘制画面的暗部，确定画面的明暗关系，增强画面的空间体积感，注意用线要自然、流畅。

（6）用 CG2 号（ ）马克笔绘制屋顶的第一层颜色，用 25 号（ ）马克笔绘制建筑墙面的第一层颜色。

（7）用 144 号（ ）马克笔绘制窗户玻璃的第一层颜色，用 57 号（ ）、66 号（ ）马克笔加重玻璃的颜色。

（8）用 59 号（ ）马克笔绘制植物的第一层颜色，用 46 号（ ）马克笔绘制植物的第二层颜色，用 55 号（ ）马克笔加重植物的暗部颜色，增强树木的体积感。

（9）用 8 号（　）、13 号（　）、57 号（　）、64 号（　）、34 号（　）、102 号（　）、WG6 号（　）马克笔绘制配景人物的颜色，用比较鲜艳的颜色绘制配景，活跃画面的气氛。

（10）用 104 号（　）、35 号（　）、183 号（　）、144 号（　）马克笔绘制配景车辆的颜色，用 9 号（　）马克笔绘制遮阳伞的颜色。

（11）用CG4号（ ）马克笔绘制地面的颜色，用454号（ ）彩铅绘制天空的颜色，丰富画面的空间层次；整体调整画面，完成绘制。

8.8 课后练习

1. 临摹大师手绘效果图。

沙沛作品

陈红卫作品

2. 绘制图片手绘效果图。

前面章节中讲解了园林景观设计效果图的综合表现，本章主要是提供黑白线稿与马克笔上色稿，供读者临摹学习，从而使读者能够更好地绘制出优秀的效果图。

第9章 作品赏析

范例一

范例二

范例三

范例四

范例五